培養內涵 × 洞悉市場 × 擴展人脈 × 管理財務，
創業者必懂的 42 件事，企業長久營運的關鍵要素！

奧里森‧馬登談
老闆策略

奧里森‧馬登（Orison Marden）——著　　李皓明——譯

THE YOUNG MAN ENTERING BUSINESS

借錢投資是常態，但搞不好還沒賺錢就先負債累累？
聽父母的話從事力所不能及的工作，未來已經毀滅一半？
誰說大城市才有好的資源，鄉下竟潛藏著一座「大金礦」？
「哭哭，好人才都不屬於我！」先想想是否有把員工當人看待？

經商不只要了解行業生態，其實還是一門有系統的「科學」；
跟著奧里森‧馬登的腳步，全面剖析創業者該注意的 42 道細節！

目錄

CONTENTS

CONTENTS

第一章　鄉村男孩的機會

> 大自然為我們繪製了一張無法靠人工完成的人生藍圖。除了健康的身體和靈巧的雙手，鄉村生活帶給男孩數不清的好處。他更親近自然，能不斷地接觸造物者的巨大的創造過程。

　　「那種灰色的小茅屋好像是美國所有偉人的出生地。」一位訪美的英國作家說道。我們可以輕易地舉出成百上千個例子來證明這個說法的正確性。林肯、格蘭特、加菲爾[01]、格里利[02]、惠蒂埃[03]、克萊門斯[04]、沃納梅克[05]、洛克斐勒、賽勒斯·韋斯特·菲爾德[06]、比徹、愛迪生和威斯汀豪斯[07]都在農場和鄉村小鎮塑造了強健的體格、堅強的意志和良好的性格。這一切使他們成為自己所從事的領域的

01　加菲爾（James Abram Garfield, 1831-1881），美國第二十任總統，唯一出身數學家的總統。

02　格里利（Horace Greeley, 1811-1879），美國報紙編輯兼出版商。《紐約論壇報》創始人兼總編輯，他長期活躍政壇，是自由共和黨的資助人之一，政治改革家。

03　惠蒂埃（John Greenleaf Whittier, 1807-1892），美國貴格會詩人、廢奴主義者，以其作品《大雪封門》出名。

04　克萊門斯（Jeremiah Clemens, 1814-1865），美國政治家、小說家。

05　沃納梅克（John Wanamaker, 1838-1922），美國實業家，被認為是百貨商店之父。

06　賽勒斯·韋斯特·菲爾德（Cyrus West Field, 1819-1892），美國金融家，創立了大西洋電報公司。

07　威斯汀豪斯（George Westinghouse, Jr., 1846-1914），美國實業家、發明家。西屋電氣公司的創始人。

王者。

　　據說有一次韋伯斯特[08]在西部訪問時，大平原地區的一個當地人正為了自己家鄉擁有廣袤的麥田、遼闊的玉米田和巨大的牧場而自吹自擂。他問韋伯斯特：「你們在到處是叢山亂石的新英格蘭農場上種什麼？」這位偉大的律師回答道：「人。」

　　有 17 位美國總統來自小鎮或農場。第 26 任總統羅斯福儘管出生於城市，卻用自己的艱苦奮鬥證明了親近自然的好處。

　　「真奇怪，為什麼土生土長的紐約人很少出名呢？」查爾斯·溫蓋特[09]說：「在公認為 100 位重要的紐約市民中，90％以上在鄉村長大。大多數重要的牧師、編輯、醫生、藝術家和商人都來自於其他州或別的地方。難道是缺乏精神和肉體上的活力導致紐約人被這些競爭者超越？到處都是外省人的倫敦、巴黎、柏林和其他歐洲城市也存在同樣的情況。這些外省人憑藉著充沛的精力和超群的能力，取代了在城市裡長大的人的地位。」

08　韋伯斯特（Noah Webster, 1758-1843），美國辭典編纂者、課本編寫作者、拚寫改革宣導者、政論家和編輯，被譽為「美國學術和教育之父」。他的藍皮拼字書教會了五代美國兒童怎樣拼寫，在美國，其名字等同於「字典」，尤其是首版於 1828 年的現代《韋氏詞典》。

09　查爾斯·溫蓋特（Charles F. Wingate, 1848-1909），美國作家、記者。

有位作家在整理 40 位成功人士的回信時發現，其中 22 人出生於農場，10 人出生於小鄉村，只有 8 人出生於城市。有 22 人的童年基本在農村的環境中度過，3 人在孩提時代從農場搬到了鄉村，只有 1 個人後來去了城市。但是在平均年齡為 16 歲時，所有這些成功人士都在城市裡奮鬥了，努力「賺大錢」。

　　大自然為我們繪製了一張無法靠人工完成的人生藍圖。要不是誠實的、充滿生機與活力的郊區和農村人口源源不斷地湧入城市，我們的大城市將在人造環境中走向衰落。人類種植的農作物的產量永遠無法超過大自然賦予我們的食物量。人和人類的食物都離不開陽光照耀的田野和微風吹拂的群山。

　　肌肉運動時吸入的新鮮空氣增加了鄉村男孩的耐力和肺活量，城市則無法做到這一點。耕地、挖掘和除草使他的肌肉更有力量。農場是個巨大的健身房，是一所超級手工藝培訓學校。雜活不僅能使他得到鍛鍊，還使他獲得具有實用價值的能力和才智。他必須自己製作那些買不起或不容易買到的工具或玩具，操作、調試和修理很多機器設備。他的才智和創造力不斷地受到鍛鍊。他對機械原理和工具瞭若指掌，也總有行之有效的方法來應對危機。因此，很多工作他都能應對自如。

除了健康的身體和靈巧的雙手，鄉村生活還帶給男孩數不清的好處。他更親近自然了，能不斷地接觸近在咫尺的巨大的創造過程。這個創造過程帶來了一切自然而真實的東西。他觸摸到了城市男孩無法接觸的真理。他置身於永恆的現實主義學校中，只要他認真地去體會，變幻莫測的雲彩、一望無際的大地和四季的變遷都能傳授他生活的祕密，加深他對生活的理解。巍峨的群山和深邃的峽谷讓他領略到什麼是雄偉。高聳入雲的山峰讓他感受到什麼是莊嚴。蜿蜒的江河讓他體會到什麼是平和與寧靜。一切植物和動物皆可獲得賴以生存的營養，這使他意識到大自然的恩惠。母性的光輝和對動物的照料使他學會去愛。

他生活在偉大化學家的實驗室中。在那裡，可以看到土壤創造奇蹟的過程，以及土地裡如何生長出色彩絢爛、氣味芬芳的花草，供人和動物享用的食物以及用途廣泛的樹木。

花蕾的綻放，水果成熟的奇妙過程，植物纖維的生長，蜜蜂、鳥和其他生物的行為和神奇的本領，每種材料的使用和操作 —— 這一切都不斷地培養鄉村男孩實際動手操作的能力，也是他的毅力、博學和處變不驚的重要泉源。

農場中的男孩會很自然地想在城市裡尋找發展機會。他會跟看起來束縛他的封閉狹小的環境抗爭，他會雄心勃

勃地繪製一幅在城市裡取得巨大成功的藍圖。他會夢想大型商店、規模宏大的圖書館和閱覽室、不計其數的自我發展良機、優秀的學校、培訓班和其他能滿足求知者願望的機構。換句話說，對於鄉村男孩來說，大城市是機會的海洋。他會覺得自己正在岩石、森林和堅硬的土地上蹉跎時光。

但是他應該了解到，那些被他視作成功路上絆腳石的花崗岩、群山和小溪，正時刻將力量注入他的體內，將鋼鐵般的意志注入他的血液，將毅力注入他的靜脈之中。

這一切會大大增加他未來取得成功的可能性。他應當意識到自己的大腦和肌肉正在儲存力量。這些力量將在未來決定國家的命運，將成為國家這艘巨輪的脊梁。他應當意識到，這個國家所積蓄的力量會重新在成功的銀行家、律師、商人、鐵路工作者和政治家身上得以展現。降臨到他身上的最大恩惠是他生於鄉村，長於鄉村。他永遠都不應該對此視而不見，而是應該銘刻在心。農村生活中所儲存的力量將使他有能力迎戰城市生活中具破壞性的、競爭性的力量。

留在農場或鄉村小鎮的男孩並不一定會被剝奪取得成功的機會。很多大公司都是由小鎮上的窮人所創立的。

在放棄鄉村的廣闊天地投身於令人壓抑的鬥爭之前，鄉村男孩應認真思考自己的機會、能力和愛好。

如果鄉村男孩能做出理性的判斷，而不是只夢想著得到城市裡的眾多機會、更好的圖書館和學校，他就會像林肯一樣努力使自己免於受到貧瘠和封閉的環境的不利影響。對他來說，每本書都是珍貴的奢侈品，為他封閉的生活開啟了一道更為寬闊的大門。如果決意走入外面的世界，那些看起來會阻礙他的東西就會變成通往高處的臺階。

在回答關於城市與鄉村的機會問題時，已故的紐約區某位主教曾說，美國人生活的最大特點之一是年輕人從鄉村流向城市。那些對鄉村的封閉感到不滿的年輕人，很容易受到隨處可見的報紙和電視上所介紹的五彩斑斕的城市生活的吸引。他們將目光轉向城市。一有機會，這些年輕人就會湧入城市。

只有那些擁有非凡才能或擅於抓住千載難逢的良機的人才能成為傑出人物。大多數人只能滿足於平凡的生活。紐約和芝加哥這樣的城市所提供的平凡的職位數量遠超過需求量。對大城市裡人滿為患的這一個可悲的事實我們不能視而不見：公寓裡擠滿了找工作的人。

「這種失敗通常源自人類自身。」在很多情況下人的主要錯誤在於他具有普通人的弱點，由於能力有限又沒有受

過訓練，他無法應對巨大的困境，但他必須生存下去。生活中的種種危機迫使他走上墮落甚至違法之路。沒有接受過訓練的鄉村少年滿懷強烈的夢想來到城市。幾年之後，在城市裡的奮鬥可能會損害甚至毀掉他的性格和身體。這難道這就是對母親所付出的關愛的回報嗎？當他年老時，拿什麼來撫慰自己？這難道不是一場悲劇嗎？在我看來，美國人的生活中沒有比這更悲哀的了。在自己的家鄉，男孩可能做得很好。在城市裡，他的力量卻無法抵抗敵對的力量和誘惑。

不可否認，在紐約這樣的城市裡年輕人會有很多機會。城市需要受過訓練的年輕人。但與創造血肉之軀和靈魂的速度相比，大城市能更快地毀滅他們。簡單的鄉村生活塑造了年輕人強健的體魄和堅強的性格。他們首先要在城市中獲得立足之地，並以此為基礎爬到遠遠超過在鄉村能達到的位置。

但為了成功，大多數人付出了沉重的代價。幾乎每個過著典型城市生活的人都像是一臺處於高壓之下的引擎。每天我們都強加給神經系統過多讓人無法承受的工作或快樂。日復一日，這臺機器逐漸被磨損。最終，最脆弱的地方（大腦或者是其他器官）崩潰了，這個人也隨之垮掉甚至英年早逝。於是就需要另外找個人頂替他。然後又有一

個在鄉村長大的年輕人願意全力以赴地工作。又一個血肉之軀被貪婪的城市——永遠對青春、熱情和活力垂涎欲滴的巨大怪物——吞入胃中。

城市中的受僱者有失去個性、思考和立場的危險。在鄉村，年輕人有充足的時間去思考。在城市裡，儘管有很多有趣的事情可做，年輕人還是應該花點時間思考。他應該替自己著想，努力保持自我。他應該保持樸素，因為樸素就是力量，在思考、舉止和著裝上不要裝腔作勢。要注重內在的自我而不是外在的表現。對眾多神靈（金錢之神、權力之神、智慧與知識之神以及許多其他神靈）的崇拜會迷惑他的心智。他應當努力保持正確的價值觀。如果年輕人能在工作和玩耍時都能保持清醒的頭腦，不去理會精神和肉體的種種誘惑，最終他將成為城市的征服者之一，在城市中發揮自己最大的作用。

著名的牧師、城市和宗教改革家查爾斯·帕克赫斯特 [10] 建議普通的鄉村男孩留在故鄉。他說：「這是個涉及面非常廣泛的嚴肅問題。整體來說，我傾向於不鼓勵任何鄉村男孩，特別是普通的鄉村年輕人，離開鄉村進入城市，因為阻礙他們發展的力量非常強大，而且還在變得更

10　查爾斯·帕克赫斯特 (Charles Henry Parkhurst, 1842-1933)，美國社會活動家、社會改革家、牧師。

加強大。城市需要優秀的人才，但是村莊和小鎮同樣需要他們。普通人在鄉村能獲得的機會多於城市。當然，大城市中的機會更多，但是每個機會都有 10 個求職者在爭奪。在城市中能賺更多的錢，但高昂的生活費又耗盡了薪水。因此在城市比在鄉村更難存到錢。普通人應該留在鄉村，應遠離城市這個充滿平庸、痛苦、誘惑和犯罪的巨大漩渦。大公司和托拉斯正大肆兼併每家企業。小人物和小公司沒有生存空間。公司沒有靈魂，也別指望它們會表現出兄弟之情。現代社會競爭在加劇，這種競爭不會培養創新，只能摧毀成千上萬人的創新精神，把他們變成人體機器。隨著銀行或商店規模的擴大，人們心中只剩下一個目標 —— 盡全力把公司變得更大。」

▶▶▶ 第一章　鄉村男孩的機會

第二章 為成功累積資本

經商最重要的資本存在於你自己的力量中。對於那些渴望進入職場或走入商界的年輕人，建議克制自己的欲望，盡可能學習，多鍛鍊自我，累積成功的資本，為從事偉大的事業做好準備。

經商最重要的資本存在於你自己的力量中。它由以下要素組成：充分利用自己的能力、展示你的力量、努力鍛鍊自我以實現奮鬥目標。

商界的成功仰賴個人因素，取決於自己內在的素養。累積精神資本是青年時期的主要任務。這時期，他們還無法確定實現未來職業生涯目標的最佳途徑。建築師在繪製好藍圖之前是不會砌磚的。鐵路不會沿著隨心所欲選擇的方向修建。雕刻家不會在大理石上亂刻亂鑿卻不知道自己要雕刻什麼。總而言之，沒有計劃和準備，就不能獲得有價值的成果。在混亂的狀態下，我們能取得成功嗎？縱觀人類歷史都反對這個假設。

除了極少數特例，那些在世界歷史上留下印記的人都在青春時期做好了準備，然後在「秋天」收獲累累碩果。

如果年輕時不打下堅實的基礎，就別指望超越平凡。

對於那些渴望進入職場或走入商界的年輕人，我們的建議是克制自己的欲望，盡可能學習，多鍛鍊自我，累積成功的資本，為從事偉大的事業做好準備。世界從未像今天這樣渴望得到接受過良好的教育和訓練，具有很強的工作能力，掌握廣博知識的人才。

漢密爾頓・瑪比[11] 說：「這是個需要受過訓練的人的時代。我想把這句話刻在你們的心裡。在這個國家曾經有大量的機會和工作需要人去做，任何有堅強的意志和良好能力的人都能取得一定程度的成功。我並不是說那個時代已經結束。我希望它能長期存在下去。如果我現在是個想步入世界的年輕人，在接受了足夠的教育並掌握了自己想從事的工作之前，我是不敢輕易走出去的。現代生活的悲劇是那些只接受過不充足教育和訓練的人的悲劇，是那些想做事卻沒有能力做好的人的悲劇。」

當然，有很多年輕人無法上大學。他們需要工作來養家糊口。但是他們應盡最大可能在閒暇時間裡學習。只要每天能全神貫注地學習一個小時，一年時間裡學到的東西就多得驚人。堅持每天聚精會神地學一個小時遠比胡亂大量閱讀更有價值。

---

11 漢密爾頓・瑪比 (Hamilton Wright Mabie, 1846-1916)，美國散文家、編輯、文藝評論家、演說家。

當你看到一個年輕人渴望得到更多的教育，想要生活得更加充實；當你看到他利用每段閒暇時間去搜集對工作和生意有用的資訊資料或努力開闊自己的眼界；當你看到他精神振奮，身手敏捷，無論做什麼都堅持到底，你就可以肯定地說這個男孩是塊好玉，他終將取得成功。

有些強壯的男女如果受過教育，或是接受過某種培訓就能實現輝煌的成就，但是他們卻注定要做平庸之人，其中很多人注定會失敗，因為他們出發時沒有做出正確的選擇。他們認為自己能夠平穩地獲得永久的職位，以為只要不停地工作，就能以某種神祕的方式取得成功。當他們醒悟過來，意識到自己需要接受教育時，卻發現自己已經沒有能力去學習了。當人的思考變得僵硬，大腦的反應變得遲鈍時，要接受教育是一件多麼困難的事情啊！青春年少時，人的頭腦反應靈敏，具有可塑性，此時學習是易如反掌的事情。

本人不斷地收到中年人的來信，對自己年輕時沒有受教育的機會，或者沒有抓住受教育的機會而感到遺憾。這些人都是有影響力的富人，在社會中發揮著主導作用，取得了公認的巨大成就。但是隨著年齡的增長，他們越來越對自己在教育上的缺陷感到懊惱。可悲的是，天生聰明而富有的中年人，卻飽受自己是文盲這一點的束縛，或者由

於缺乏文化修養而無法享受那些使生活充滿色彩的東西。如果他是個敏感的人，就總是害怕這些缺陷會使自己丟臉。他的心裡會時常萌生渴望，卻不知道如何才能滿足自己的願望。

在美國有很多這樣的人，既有百萬富翁，也有窮人。他們的人數如此之多，是因為大批的年輕人在賺錢欲望的驅使下匆匆闖入商界，卻沒有接受足夠的教育來為未來發展奠定基礎。他們中大多數人在 30 歲以後幾乎無法養成學習的習慣。到了這個年齡人的思考能力已經定型，只能接受特定類型的形象、觀點和思想，而且有 99% 僅憑努力的人無法養成學習的習慣。

在未受過教育的人中，最令人同情的是那些已到中年卻未取得成功的人。教育是他們唯一需要的東西。但與那些在財富和影響力上已經取得徹底成功和部分成功的人相比，他們受到教育的機會更不確定。青年時代結束之後，他們就難以集中注意力，缺乏自信，記憶力也會有所下降。對於很多不幸的人來說「因為缺少教育和適當的培訓而失敗」將是最合適的墓誌銘。

對於大多數人而言，教育使人能夠儲存力量。他們必須依靠這些力量來應對生活中重大的緊急事件。也許只需使用自己學過的一半知識，土木工程師就能完成 90% 的工

作。但如果要修建一座橫跨尼加拉大瀑布或密西西比河的鐵橋，或者要在深山裡開鑿一條鐵路隧道，或者面對其他重大的工程專案時，他就必須使用上自己的全部知識與經驗。他整個人和他累積的內在資本將面臨考驗。一個商人在平時只憑藉自己的部分內在資本去經商，就能做到高枕無憂。但他清楚地知道，必須做好準備以應對緊急情況和艱難時刻。普通教育雖能使他安度日常時光。但是當發生緊急情況，當他的公司具有很大的規模，當他的能力被運用到了極限時，他所受過的更加全面的教育將發揮至關重要的作用。當那些年輕時沒有接受過良好教育的商人，在經濟危機或緊急情況下走下坡路時，接受過全面教育的人將經得起暴風雨的考驗，因為經過鍛鍊的頭腦使他能更好地掌控局面。

儲備的力量是一種資本，意味著影響力。它是使船保持平穩的壓倉寶物，能保證船隻在暴風雨中安全航行。儲備的力量是成功的動力。它無法在一天、一個星期、一個月或者一年中累積完成。它也不是特別的天資或才智，沒有人天生就有儲備的力量。只要沒有特殊的殘疾，任何人都能獲得它。它不能用錢買到，只能透過長年的刻苦學習和耐心的、堅持不懈的訓練得到。這些學習和訓練必須在青年時期種到地裡，否則秋天就不能收穫儲備的力量。

年輕人獲得的力量和儲備的資源會在他們的性格上留下印記，會讓周圍的人意識到他們的存在，會讓年輕人對自己的能力充滿信心。儲備不足會削弱年輕人取得成功的能力。

如果要我只給年輕人一條建議，那一定就是米開朗基羅用小字在拉斐爾工作室的畫布上寫的那句話：「壯大自我。」這句意味深長的話令拉斐爾終生受益。我建議每個年輕人都把它當作座右銘裝裱起來，掛在自己的房間、商店、辦公室或工廠裡，保證自己每天都能看到它。不斷思考其含義會擴大你生活的寬度、廣度和深度。

無論從事什麼職業，最難做的事情之一是實現持續發展。剛畢業的年輕人朝氣蓬勃，反應靈敏，對自己要實現的宏圖大業充滿了憧憬和期待。他們夢想著努力學習提高自我，夢想著旅行，夢想著社會生活中的種種喜悅，夢想著理想的家庭生活。但是一旦走上工作職位或步入商界，幾乎無法抗拒的誘惑會使你忘記友誼；使你今天在這裡減少一點學習時間，明天在那裡減少一點學習時間，使你推遲閱讀和娛樂的時間。連續不斷的誘惑會降低你的標準，使你走向平庸，深陷日常瑣事之中。想要避免成為按部就班運轉的機器的一部分是極其困難的。除非你找到了稱心如意的工作，而且你的工作永遠能帶給你快樂，否則不久

之後枯燥乏味的工作將會奪走生活中所有的高層次享受。除非你的意志極其堅定，能持之以恆地去努力實現更大的目標，否則隨著時光流逝，生活之路會越變越窄。人必須堅持不懈地付出巨大努力才能實現持續發展。那些沒有隨著年齡增長而邁向新臺階的人的生活是失敗的。

　　無論遇到什麼，無論是腰纏萬貫還是一文不名，都要下定決心做一件事──努力實現持續發展，每天都要使自己更強大、更睿智，更完善。即使你失去了財產、遇到了不幸、希望破滅，或者雄心壯志遇到挫折，你將依然富有，你將擁有更大的財富──一筆無人能奪走的財富。你會意識到至少自己的才智得到了提升，並能向世界證明，沒有錢一樣富有，不幸無法打垮真正的男子漢，大火和洪水都無法毀滅最高層次的財富。你將成為真正的男子漢。

► ► ► 第二章　為成功累積資本

第三章　豐富自己的內涵

進入商界前，年輕人必須給自己準備某種資本，例如健康、知識、正直、常識。要毫不吝惜地投入金錢、時間和精力來增加我們的性格財富，它會使自己身邊的人的性格變得更美好，更有內涵。

進入商界前，年輕人必須為自己準備某種資本，例如健康、知識、正直、常識。

愛迪生說過：「敏銳和興奮都遠不如常識有用。」擁有學識和高智商是人們最渴望的事情。但是在為生活而進行的戰鬥中，務實而質樸的人一旦擁有了常識，就遠比不懂常識的學者和天才強大。學者可以去夢想，創立新理論，並提出人類可能達到的理想境界。天才可能發現大自然隱藏的祕密，控制閃電，甚至到達其他星球。但是如果沒有常識，就難以把幻想和假設變成解決日常生活中問題的方法，促使自己取得進步的天資的作用力也會下降。無論你在大腦裡儲存了多麼寶貴的知識，無論你是如何的多才多藝，如果沒有常識做後盾（常識讓我們知道如何運用自己的能力，如何把學到的知識付諸實踐）你將任由環境和他人支配和擺布。有一個寓意深刻的古老德國諺語：「眼睛

盯住群星，但別忘了順便點燃家裡的蠟燭。」儘管我們容易把常識當作最普通、最常見的一種天資，但事實上它是最不尋常的。由於缺乏常識，人們不斷地犯錯，不斷地退卻，不斷地阻礙自己的進步。他們因為不透過經驗和觀察獲得常識，結果蹣跚而行，毀掉了眾多成功的機會，發生不幸時就怨天尤人。實際上，責任全在他們自己身上。

　　自我發展能給人創造最大的機會。美國有成千上萬的年輕人在苦苦尋找良機，卻認為自己與那些等著他們去發現的良機沒有多大關係。但是無論你去哪裡，無論你的祖先是誰，無論你曾在哪所學校就讀，無論誰在幫助你，最大的機會恰恰取決於你自己。別人的幫助是外在的因素，你是誰、你做了什麼才是真正重要的事。要養成依靠自己的習慣，要下定決心挖掘自身潛力而不是仰仗別人，這一切都能增強自己的力量。拐杖是給身障人士用的，它不適合強壯的年輕人。那些試圖一生都拄著精神拐杖的人是不可能行遠路、成大業的。最大的財富——一切真正有價值的財富，都必須集中在自己身上。必須使自己富有內涵，而不是僅僅擁有外在的財富。經濟恐慌、貿易波動、洪水和火災、商業夥伴的不誠實或者自己做出的錯誤判斷都不能奪走你的內涵。最大的投資必須用於自我完善與提高——使自己更健康、更勇敢、更善良、更高尚。

要讓任何接觸你的人感受到你內心的財富，你的眼神、言談舉止甚至每個毛孔都能顯示你內心的財富。它帶給周圍的人溫暖、光明和舒適，它使整個社會更加豐富多彩。真正的財富應該像玫瑰一樣，讓每個路過的人感受到它的美麗與芬芳。它會無私地幫助別人，奉獻自己的一切。

令人驚訝的是，眾多極度渴望成功的年輕人，在很年輕時就拋棄了能帶給他們光明未來的資本。每個正常人在職業早期都擁有一定數量的資本：活躍的思考、健全的神經、充沛的體力和具有可塑性的性格。它們是最珍貴的資本，所有人的未來都依靠這些資本。揮霍這些資本是目光短淺的表現。有什麼能彌補健康資本的損失和浪費呢？

當年輕人揮霍父母留下的財富時，我們感到震驚。然而，當我們放棄能讓我們恢復體力和精神的睡眠時，當我們浪費時間時，當我們讓良機從指縫間溜走時，我們就拋棄了更為珍貴的資本。

沒有什麼比毀壞性格這一最為珍貴的成功因素，捨棄靈魂中的這一無價之寶更具災難性。

令人愉快的性格是無價的，它永遠能帶給任何接觸它的人快樂和靈感。這種性格是最好的資本。

沒有幾個人到過你家，或者見過你的股票、證券、土

地和公司。但性格卻陪著你周遊四方。它是你的信用證書，決定著你人生的浮沉。

我們時常遇到的好性格中蘊含著難以形容的財富。在性格上的百萬富翁面前，金錢上的百萬富翁是何等渺小呀！在賢德君子面前，哪怕是沒有金錢的賢德君子面前，以不正當手段斂財的人顯得何其貧窮和卑賤。擁有智慧與文化涵養的百萬富翁令那些為追求金錢而貶損靈魂的人為之汗顏。不幸的是，在家庭和學校裡，沒有人告訴年輕一代那些伴隨其一生的性格財富的價值和重要性。

要毫不吝惜地投入金錢、時間和精力來增加我們的性格財富。它會使自己身邊的人的性格變得更美好，更有內涵。

無論你的身體有多麼畸形和醜陋，你都可以把性格中最有價值的東西 —— 愛、親切和陽光寫在臉上，這樣做的話所有的大門都會向你敞開，無論走到哪裡，你都會受到歡迎。美麗的心靈和美好的性格屬於每個人。儘管未曾相見，我們都能感到自己與這樣的人有某種關聯。儘管未曾相見，我們卻能感到這種人的存在。在美麗心靈的感召下，鐵石心腸也會變軟，頑固倔強的人也會做出讓步。在人生的旅途上，無論走到哪裡都要讓美好的性格像探照燈

一樣照亮前方，在自己的身後留下陽光和祝福的印記，因為處處留下鮮花和幸福而被人愛戴，這將遠比累積冷冰冰、毫無同情心、庸俗而冷酷的大把大把鈔票更加偉大。

第四章　選擇職業

選擇一個有發展潛力的行業。年輕人越早確定自己的終身職業越好，如果沒有明確的天生職業適性，我們就要以極大的耐心來仔細地尋找最適合自己的工作。

　　我要做什麼工作來養家糊口？這是每個年輕人遲早都要回答的問題。沒有工作可做，就無法盡情享受生活，也無法真正領悟生命的意義。

　　選擇一個正面、有用並受人尊敬的職業吧！如果達不到上述標準，應該要立刻選擇放棄，以免長時間接觸之後，自己會把壞的當成好的。有一些行業，即使是卡內基也無法取得成功，是皮博迪也無法受人尊敬。選擇一個有發展潛力的行業。選擇一個能使你有機會成長、進步並得到升遷的職業。如果可能，應避免選擇那些把你束縛在一個職位上或者晚上和週末也要上班的工作。不要試圖用「總要有人做這樣的工作」這樣的藉口來說服自己。讓「有些人」而不是自己去承擔這份責任吧！選擇這種職業不僅僅是對和錯的問題。一週工作 7 天或在本應該睡覺的晚上工作都有害健康，其後果是你會在本應工作的白天睡覺。

　　很多人因為能賺到錢，就在一些平庸而封閉的職位上

工作。這樣的職位壓抑人性，束縛智力發展，摧毀雄心壯志，麻木人的情感。

一本書無論有多好，如果它占據了我們讀更好的書的時間，它就變成了壞東西。同樣道理，如果我們能自由選擇，能從事更高層次的事業，那麼任何工作、任何職業相對來說都可能是壞事。換句話說就是，我們應當致力於從事那些對自己來說可行的、最高層次的、最高尚的職業。

我們無權強化自己的獸性，而讓人性中更高貴的東西被壓抑甚至衰敗下去。擁有強健的體魄、聰明的大腦和良好的機會的年輕人如果選擇能摧毀高層次的人性，而讓純粹的獸性暴露無遺的職業將是一種恥辱。由於缺乏訓練，他的高貴的本性也將不可避免地走向毀滅。大自然的法則 —— 用進廢退，是殘酷無情的。

有多少受過良好的教育、能力出眾且體格健壯的年輕人待在一些讓人故步自封的卑劣職位上荒廢生命！這些職位使任何接觸它們的人喪失鬥志、腐化墮落。一個才華出眾、能力超群的年輕人僅僅為了幾個小錢就自暴自棄，脫離社會，失去別人的尊重，這值得嗎？被社會唾棄、被良心詛咒的工作，無論能帶來多少金錢和物質享受，都是得不償失的。

從事自己不喜歡的職業是可悲的。能力出眾卻時運不濟的年輕人靠著平庸的工作養活自己，這真是讓人同情。這樣的工作壓抑人的本性，使人自輕自賤，自我譴責，遠離生活中最真最美的東西。不要做那些讓人喪失尊嚴、失去是非觀念、永遠偏離生活中真正快樂的工作。全力以赴地去工作是獲得幸福的方法之一。

曾有人製造出一種機器來測量消耗的能量。當人被放入這臺默不作聲的機器裡，每個動作和所耗費的能量都被記錄下來。尋求成功的人應精心計算自己所付出的腦力和體力。

尋求成功的人最應該問自己的問題是：「在哪裡我最有可能取得成功？」也就是說，我應該置身於什麼環境之中，以使自己的付出有最大的回報？

最重要的是進入和諧的環境中，以便能最大限度地挖掘自己的潛能來實現雄心壯志。應從事那些最適合我們體質、思考習慣，品味和能力的工作。換句話說，取得成功的最佳途徑是獲得合適的職位，進入合適的環境以使我們暢行無阻地迅速展示自身的能力。

有人錯誤地認為，只有年輕時才有從事某種特定工作的能力。但有些人比別人晚了很多才成熟。很多人直到中

年才找到真正適合的職業。在大多數情況下，一旦他們找到真正適合的工作，之前長期累積的經驗將發揮重大作用。

年輕人越早確定自己的終身職業越好，但也不必過於匆忙。如果沒有明確的天生職業適性，我們就要以極大的耐心來仔細地尋找最適合自己的工作。有些年輕人在某方面有明顯的天賦和能力，他們在擇業時幾乎不會犯錯。但不幸的是，大多數人在成長階段都不會顯示出自己最適合做什麼工作。當然，經過培養，即使那些沒有明顯表現出適合從事什麼工作的年輕人，也能夠找到適合自己的工作。

「你是如何找到自己的工作的？」一個朋友問喬治·皮博迪 [12]。皮博迪回答說：「我沒有找到自己的工作，是它找到了我。」在找工作的問題上，普通的年輕人和這位著名的銀行家是一樣的：是工作找到了他們。往往都不是我們找到了工作，意外、機會、環境、出生地、貧窮、早年缺少機會和教育等對求職的影響遠大於我們的自由選擇。日常瑣事常常改變整個命運。在很多情況下，不經意地翻看一本書，聽別人演講或脫口而出的評價，一點點鼓勵或突發的緊急事件都能成為生活中的決定性因素。

---

12 喬治·皮博迪（George Peabody, 1795-1869），美國 19 世紀著名銀行家，摩根大通集團的創始人。被譽為「現代慈善業之父」。

亨利・凡・戴克[13]教授說：「我的建議是不要等到自己找到最佳途徑，而應立刻著手做些事情。選擇一條最有可能通向成功的道路。從行動中學到的東西遠超過沉思。」

湯瑪斯・史萊澤[14]博士說：「問題的關鍵不是我想做什麼，而是我如何塑造自我，活出真我。」

我能把什麼做得最好？我的哪種能力能最好地為社會服務，並進而發展成為自己的強項？這是剛剛邁入生活大門的每個青年男女都要面對的問題。對這些問題的回答不僅關乎個人的幸福或苦難，還直接影響了世界的發展與進步，因為只有每個男女都選擇了合適的工作，文明才能邁上新的臺階。

選擇終生職業時要遵循下述原則：「要確信我在這裡將比在世界其他任何地方都能做得更好。」

生活中無論做什麼，都要成為工作的主宰。大多數人僅僅把工作或職業當成是謀生的權宜之計。這是用狹隘而平庸的眼光去看待原本用於提高生活水準、挖掘人的潛力、塑造良好的性格、使上帝賜予我們的才能更加完善的工作。

---

13 亨利・凡・戴克（Henry van Dyke, 1852-1933），美國作家、教育家、牧師。
14 湯瑪斯・史萊澤（Thomas Roberts Slicer, 1847-1916），美國作家、神學家。

第五章
被父母的求職指導毀滅的未來

必須尊重自己內心所認定的合適的工作，否則就有可能造成災難和失敗。每個人都要傾聽自己的心聲，選擇一個力所能及的職業，一個讓你身心都能滿意的職業，一個能讓你面對自己的靈魂和他人的職業。

不管走到哪裡我們都會看到被不適合自己的工作毀滅的卓越人才。工作中存在著一種毀滅性的力量。人的靈魂和身體永遠對其深惡痛絕。

我們被人灌輸了種種希望和承諾，卻不知道在摧毀人的雄心壯志方面，沒有什麼比根本不適合自己的工作更快。

你能從一個人的臉上和行為中看出從事不合適的職業所造成的痛苦。他的每個神情和動作都透露著失望，破滅的希望刻在那張可憐的臉孔上。

有些父母會勸說或強迫自己的心肝寶貝去從事他們沒有能力去做，也根本不願意去做的工作。還有比這更殘酷的事情嗎？父母可能認為其為自己的子女選擇了受人尊

敬、收入豐厚的工作。但是當他們的做法與孩子的本性相牴觸時，他們就大錯特錯了。父母本來想使孩子受益，但是這項錯誤不僅束縛了孩子才華的施展，在很多情況下還會毀掉他們的前途。

　　有位作家說：「父母自己的生活經歷、機會和運氣會使他們自然形成某種觀點和偏好。如果他們取得了一定的成功，並且很喜歡、很滿意自己的工作，他們可能以為子女最好也步他們的後塵。相反的，如果工作讓他們生活得很痛苦，他們就希望孩子能選擇不同的職業。無論哪種情況，種種偶然事件對擇業的影響遠大於工作本身的性質。此外，時代在變化，環境也在變，過去最壞的東西現在可能變成了最好的，反之亦然。因此，在擇業問題上，不僅要徵詢父母的意見和建議，還要了解他們的意見和建議背後的理由。」

　　沒有父母會建議失去一隻手臂的兒子去從事需要雙手的工作。如果他們建議兒子在鐵路上工作或當土木工程師，兒子會覺得這很荒謬。沒有人會建議單眼失明或視力不佳的兒子做雕刻師，或承擔對視力要求很高的工作。但有些父母卻會毫不猶豫地建議兒子選擇法律工作，哪怕兒子沒有一點邏輯推理能力或缺乏對法律最起碼的敏感度。這些父母還可能建議弱不禁風的兒子做教職員，或從事無

法在戶外晒晒太陽的工作。

不可否認，「靈魂認為重要的東西總是正確的。」換句話說，必須尊重自己內心所認定的合適的工作，否則，就有可能造成災難和失敗。因此，每個人都要傾聽自己的心聲，按照自己的意願行事。

當溺愛你或對你充滿期望的父母，對你讚不絕口的朋友，以及好心卻總是犯錯的朋友說你是天才，認為你會成為偉大的律師、政治家、辯論家、牧師、物理學家、建築師或工程師，甚至說你能從事任何想做的工作時，不要被這些建議所蒙蔽。要認真分析自己的性格和愛好。如果不知做何種選擇，那麼就應該看看你能否具備從事這些工作並取得成功的條件。然後再問問自己是否無論遇到什麼樣的困難與考驗，都有勇氣、毅力和體力去從事這個職業。

選擇一個力所能及的職業，一個讓你身心都能滿意的職業，一個能讓你面對自己的靈魂和他人的職業。

第六章　提防入錯行

選擇畢生要從事的事業是一件嚴肅的事情。不要誤以為只要有愛好就一定能夠勝任，要對個人的資質與能力、健康狀況和仔細的研究和驗證自己以及準上司的品味之後才能做出決定。

如果在人生事業的選擇上犯錯，成功就會受到致命的打擊。可是現在越來越多的年輕人爭著要進入一些社會上熱門的行業卻不曉得自己根本就不適合。

為了追求一份根本不屬於自己的事業，為了爬上自己根本不能適應的高度，人們嘗盡了艱辛，生活也為之失色。今日，年輕的男男女女總是覺得成功就應該是出人頭地、萬人之上。他們忘記了山谷中也有紫羅蘭，它們散發著幽香，令人神往，絲毫不遜色於為它遮風擋雨、看它花謝花開的高大橡樹。

年輕女孩不切實際的理想像細菌一樣不斷地滋生與膨脹，她們整天夢想著要做一番大事業。為了有朝一日可以功成名就、出人頭地，擺脫目前自認為毫無意義、毫無尊嚴的生活，她們背井離鄉，切斷了親情、冷落了理想。這種六親不認的理想根本不能成功，何況就算成功又有什麼意義呢？她放棄了家庭、放棄了親情、背棄了她作為女人

的天職。難道至高的學歷、成功的事業可以補償這一切嗎？為了追求漂亮履歷而放棄了天生的愛好，還能有什麼可以給予她補償呢？

年輕的男孩本來已經是成功的修理工匠或者農夫了，卻整天為了所謂的理想感到煎熬，最後他放下工具、農具和手頭的工作匆忙地到都市裡建功立業去了。他們擠在本來就擁擠不堪的記者、老師、醫生或藝術家的行列裡。幾年後他從這本來就不屬於他的戰鬥中敗下陣來，身心受損，再也無力擔當任何事情了。

生活中總是有比事業更珍貴的東西。生命中的一些情感是我們無權捨棄掉的。生活一旦失去了平衡與和諧即使是智力超群也只能過一種畸形、生硬、冷酷、單一、有缺損的生活。只有悉心呵護我們柔軟的天性和情感，安享天倫之樂，我們才能夠獲得和諧的、全方位的發展。而這一切又會賦予我們力量，使我們生活得有生機又甜美。

掙扎著去做大事業，卻又絲毫不具備應有的才能，通常不僅會失敗還可能產生不滿與失落的失衡感覺。這樣的舉動不但方針有誤、結局慘敗，同時也會使人失去人生中最值得追求的東西——完美的人性。

選擇畢生要從事的事業是一件嚴肅的事情。要對個人

的資質與能力、健康狀況和仔細的研究和驗證自己以及準上司的品味之後才能做出決定。不要誤以為只要有愛好就一定能夠勝任。對於年輕人來說能夠選擇適合自己的職業至關重要，他們的身心將得以健康地成長，能力得到最佳的發揮而不至於誤入歧途。若想找到自己天生就適合的工作、使個人的才華得以全面地施展，人們就要做到有自知之明、量力而行。

在選擇自己畢生的事業時要去聆聽自己的心聲。天生具備的素養透過培養和學習，再用理智和責任加以制約，就會使人們找到一份工作的同時又會自然而然地收獲成功。

確定工作之前要仔細地考慮清楚。自己是否可以勝任，是否真的是自己所願。因為只有對工作高度的熱愛你才能夠忍受痛苦、艱辛，才可以應付將來無數的失望。這個領域中可能有很多的工種，要確定其中有你可以選擇的工作，並且是你最能勝任和最感興趣的。只有選對了行業才有可能將成功與幸福同時收入囊中，而如果入錯了行即使付出同樣的努力與勤奮也只能做個差勁的律師、牧師或者其他任何你根本不適合的職位。

一旦適得其所，則很少有人會失敗。但問題是幾乎很

少有人會找到適合自己的位置。雖然自己根本不適合也要狂熱地去追名逐利。一個人本來經商很成功，可是卻受人鼓吹，或者從一些諸如「有志者事竟成」或「世上無難事只怕有心人」的諺語中獲得了力量，因此不再滿足於自己的命運，轉而棄商去學習法律或者神學，結果當然是失敗得一塌糊塗。這種入錯行的人士到處可見，他們悶悶不樂、鬱鬱寡歡、憤世嫉俗，原因就在於他們不得其所。

如同一把鑰匙搭配一把鎖，人生在世每個人都有自己獨特的位置和作用。所以人生首要大事就是要找到適合自己的鑰匙孔。總是有許多沒有絲毫審美能力，只適合去粉刷柵欄的人卻拿起了畫筆想要在畫布上描繪風景。許多人雖身為商人卻根本不喜歡數字，一心嚮往鄉村生活；但也有許多農夫放棄了自己肥沃的土地，一心想要去做個商人。

我們看到有些人本來可以成為優秀的工程師或者了不起的農民結果卻成了商店裡一臉漠然的店員；許多人天生適合當老師卻待在家裡做家事；還有許多人天生適合做藝術家卻選擇了去製鞋。你也許不像韋伯斯特或者林肯那麼有才華，但是你仍然要問問自己「我適合做什麼」，然後毫不猶豫地去選擇。

如果全力投入卻仍然一無所獲，那就應該馬上停下來進行自我檢查，通常人們就會發現原來是自己這臺蒸汽機車一直在脫軌運行。如果人們沒有意識到問題的所在，只是一味地給機車添加能量，結果只會是能量越多機車反倒在泥潭陷得越深，前行也就變得越難。

　　如果他們可以停下來仔細地檢查機器，認真找出問題的所在，他們很可能就能將機車開上正軌而不是在泥潭裡耗光自己全部的能量。即使是人到中年才發現了自己失敗的原因，人們最終也會到達自己的目的地。

　　有時我們會看到一些窄軌的機車卻要到寬軌上行駛。有的男孩錯把自己的理想當成了實力，結果做律師失敗，其實他本來可以成為一名成功的技術師傅；有的女孩本來天生是模範主婦的性格卻要靠表演或寫作來艱難謀生；天生的辯論家卻做了糟糕的鞋匠；天生的聲樂家卻在賣布料和緞帶。這些人就如同要把方形的柱子塞到圓形的柱孔裡一樣荒謬。

　　愛默生[15]說過：「就像年輕人在水上划船，到處都是障礙，只有一個方向暢通無阻。在這個方向上所有障礙皆無，他平靜地穿過深不可測的海峽進入了大海。」如果你

15　拉爾夫·沃爾多·愛默生（Ralph Waldo Emerson, 1803-1882），美國思想家、文學家。

找到了自己真正的事業，你的前途將會暢通無阻。沒有牽強附會，沒有疲憊不堪。成功將是你與生俱來的權利，任何艱難險阻都將對你無可奈何。

如果你的工作和生活停滯不前，沒有絲毫的進展和提升，如果你的工作令你提不起精神，可以肯定的是你沒有找到自己合適的位置。如果工作對你來說是種煎熬，如果你一心盼望著吃午飯時間或者下班時間，也可以確定你沒有選對行業。除非你工作時滿心歡喜，不願離開，否則這份工作原本就不屬於你。

一旦找對了位置，你一定會有所察覺，並會對此深信不疑。適得其所，你會變得足智多謀、創意無限。你再也不會對自己的工作抱有懷疑，你和你身邊的人都會確信你就是為這份工作而生。你也會因此而心滿意足，開心幸福，而且至少會小有成就。

第七章　找份工作

> 善於言談、為人可靠，這些比一疊推薦信或者獎狀還管用。一旦求職成功，要勤奮、理智、自信，做到了這些後成功就是水到渠成之事。

很多年以前，有個年輕人非常想做一名記者卻苦於沒人推薦，於是就向馬克·吐溫求救，希望能夠在某家報社任職。馬克·吐溫對於求職有著自己的獨特見解，他給了年輕人下面的答覆：「如果你能嚴格地遵照我的指示我就幫你在一家報社找份工作。你可以自己挑選報社和工作地點。」

感激不盡的年輕人很快就回了一封信說出了自己中意的報社名稱，並且答應無論馬克·吐溫有什麼樣的指示他都會不折不扣地執行。於是馬克·吐溫寫下了這樣的信：

「如果你願意義務服務，幾乎每個報社都會給你一份工作的。不久你就會賺到薪水。你只需要耐心地等待。」

「到你選中的報社去應徵。不用任何人推薦，不要提我的名字，只談你個人的情況。告訴他們你不要任何報酬。你只是想在這裡工作 —— 什麼工作都行，因為你已經厭倦了整天無所事事地生活。你現在想工作，工作越多

越好。你不要他們一分錢。無論對方是慷慨還是吝嗇，你一定會得到一份工作的。」

「一旦開始工作，不要傻坐著等待別人的指示。要注意觀察，手腳要俐落。沒有工作也想辦法找點工作。報社裡的人很快會覺得他們很需要你。當你覺得有件事情值得報導時，到辦公室裡去報告一下。很快地，他們就會讓你自己把這些事情在報紙上寫出來。於是你就可以經常地寫些報導，最後可能在人們還沒弄清你是什麼時候、怎麼來到這裡的之時，你就已經成為報社的一名編輯了。」

「同時，雖然你已經是報社不可或缺的人，不要去提薪水的事。一定要等待，因為這件事情到時候自會解決。慢慢地，報社的競爭對手那裡就會有個空缺職位。你的一些記者朋友可能會推薦你，你有可能被提供一個職位和相符的薪水。把這個數字告訴你的主編。他會給你同等金額的薪水。之後，當另一家報社給你更高的薪水時，如果你現在的雇主願意出同樣一筆錢時就不要辭職。」

年輕人看過之後非常吃驚，但是他還是按照馬克·吐溫的指示去做了。他去應徵，得到了一份實習生的工作，一個月後他成了報社的編輯。第二個月的月底，另一家報社願意出資聘用他。他的雇主給了同樣的薪水，他就留在了這家報社。在接下來的四年裡他用同樣的辦法讓他的薪

水翻了一倍。後來他成了一份很重要的日報的主編，現在他仍然保持著這個職位。另外還有五個年輕人向馬克‧吐溫求救，他們收到了同一封來信，並且他們也都照做了，結果都找到了自己想找的工作。五個人中有一個還成為了一份世界知名日報的主編。他始終沒有換過工作。20 年前，當他還是個無名小輩，當他「一分錢不要只是為了鍛鍊」時，他現在的雇主收留了他，現在他領著非常豐厚的薪水。

關於年輕人該如何求職並且保住職位，德普[16] 的建議堪稱經驗之談：「善於言談，為人可靠。這些比一疊推薦信或者獎狀還管用。一旦求職成功，要勤奮、理智、自信，做到了這些後，成功就是水到渠成之事。」德普舉了詹姆斯‧魯特的例子來佐證自己的說法。魯特是個窮人家的孩子，住在伊利鐵路公司的鐵路沿線上。他一開始是在一個鄉村火車站做搬運工之類的工作。一個月後他就展示出了非凡的才華。當時正是鐵路發展的早期，他的才能受到上司的關注並得到了提拔，讓他負責管理一家貨運中心。魯特對當時通用的管理方法進行了改革，使雜亂的事物變得井然有序。他被伊利管理層視為年輕人的奇蹟。他

---

16 德普 (Chauncey Depew, 1834-1928)，美國實業家、政治家。紐約中央鐵路公司的創始人。

們提拔他負責整條鐵路的貨運。此時他表現出了非凡的管理才能。鐵路大亨范德比爾特非常賞識他並表示說「這是我們必須爭取到的年輕人」。他不惜重金從伊利公司挖走了魯特，不僅給他 15,000 美元的年薪而且還有一個嶄新的辦公室，任命他為負責運輸的總經理。一天，魯特來拜訪范德比爾特，提到了一件關於貨運安排的非常困難卻極度重要的事情，魯特詢問該怎麼做。

這位老人說「魯特，我們給你的 15,000 美元的年薪是做什麼用的？」

「讓我來管理公司的貨運生意。」

「那你希望我來賺你的這份薪水嗎？」鐵路大亨回答道。

魯特轉身離開了房間，根據自己的判斷開始採取行動。他遠見卓識，目光準確，很快被提拔為公司副總裁。後來他接替范德比爾特成為紐約中央鐵路系統的總裁。

德普說：「魯特被聘用來管理中央鐵路的貨運生意，公司就是期望他可以管理得好。如果他做不到這一點，公司就會聘用可以做到的另一個人。」

德普的話應該可以給那些希望找到工作並且想要保住這份工作的年輕人以啟迪。

卡內基先生說：「雇主能得到的最有價值之物應該是一個傑出的青年。他要不遺餘力地去得到這樣的人。」

　　卡內基認為這樣傑出的青年會始終為雇主的利益著想。他隨時保持警惕，不斷地提出有益的建議。他會一直去尋找更好、更簡單、更有效的做事方式。

　　這個傑出的年輕人的理想應該是輔佐雇主，使其利益得到最大化。在公司的旺季他下班後也不會離開，盡力去幫忙做事。一旦公司出現緊急狀況，他會積極應對，加以解決。

　　這個傑出的年輕人能夠化解員工內部的矛盾，避免分化，維持公司和平。他會幫助同事，鼓勵後進，振奮人心。

　　這個傑出的年輕人會一直心繫公司，為雇主的利益而戰。他為人很有禮貌，樂於助人，深受顧客喜愛，他為公司廣交朋友，提升了公司的形象。

　　這個傑出的年輕人應該想雇主之所想。他把自己的工作看成是表現自我的機會，他永遠準備著去勝任更高一級的職位。

　　這個傑出的年輕人會仔細研究公司業務，熟悉公司資料，留意對手公司做出的每一項改革，他會在業餘時間不

斷地為自己充電，隨時準備迎接更大的挑戰。

　　這位傑出的年輕人不會說：「我又沒領那份薪水，也沒人付我錢要我加班或者讓我多出力。」他永遠不會半途而廢，凡事都做到有始有終。

第八章　堅持目標

堅持目標，不改初衷有利於年輕人的道德培養，同時堅持不懈的好名聲對其個人事業的成功有著極大的幫助。無論從事什麼職業，其能力都會得到人們的信任，其力量也會不斷地獲得增強。

　　首先要認清自己，了解自己的體能、智慧、氣質、能力和喜好，然後再有意識地去選擇畢生的事業。不要回頭，也不要對比，更不要悔不當初。除非事實證明你的選擇是錯誤的，連你自己都充分地認為自己也許更適合其他的職位，否則一定要堅持自己的選擇。全力以赴、全心全意。任何的挫折、困難和失望都不能動搖決心。如果工作變成了苦差，如果你不斷地悔恨當初，那麼成功將會是遙遙無期的。堅定的決心和不屈不撓的精神對我們的成功有著深遠的道德上的影響。它會令他人產生信任感，而這對於我們來說是至關重要的。人們容易對目標堅定的人心生信任並樂於出手相救，而對待那些搖擺不定、頻頻跳槽者的態度則截然不同。通常意志堅定者不易失敗，他們堅韌不拔，英勇過人，對成功充滿了自信。

　　許多失敗者並不缺乏才能、熱情或者建功立業的理想，而是缺乏對目標的忠誠。他們不斷地變換職位，總是不滿自己當前的處境，理想和標準也總是隨著自己的情緒而發生變化。這種人帶給自己的只有失敗，同時不會讓自己或別人產生信任。

　　堅持目標，不改初衷有利於年輕人的道德培養，同時，堅持不懈的好名聲對他個人的事業成功有著極大的幫助。無論從事什麼職業，其能力都會得到人們的信任，其力量也會不斷地獲得增強。一座大樓一定要按照當初的設計圖來建造，而不是憑著建造者們的一時興起最後搞得奇形怪狀。同樣的道理，年輕人要精心地策劃、耐心地運作自己所選擇的理想，這樣他的性格和人生框架才能構建得結實而完整、豐富而又完美。

　　成績斐然者的共通點就是對目標的堅持不懈。他們可能在其他方面有所不足，可能有許多的缺點和怪癖，但是不屈不撓的品格卻是他們不可或缺的。也許會遭遇異議，也許會備受打擊，但是他們永遠堅韌不拔。艱難困苦打不倒他，世事浮沉卻依然矢志不渝。這是他們的天性，就算是因此而失去了生命也在所不惜。堅持理想，目標如一才能成功，而才華超群、博學多聞者卻未必能夠如此。人們信任堅持者。他們可能會遭遇不幸、痛苦或者災難，但是

每個人都相信他們最終會取得勝利，因為人們知道任何事情都打不垮他們。人們經常會詢問：「他有耐性嗎？他能堅持嗎？」即使一個人才智平庸，只要他能夠堅持，通常他也能取得連天才都未必會得到的成功。

一家世界知名的保險公司的經理說他最大的困難就是如何挑選到好的代理人。

無數的人認為當他們什麼事都做不好時，他們可以去做保險。因為這份工作不需要什麼才華或者能力。但是這位經理告訴我說儘管他在挑選代理人時打足了預防針，但最後只是偶爾會有一個人能夠堅持下來。

他在挑選代理人時會考驗他們的勇氣和決心。他會不遺餘力地打擊他們，使他們不想進入這個行業。他列舉了各種反對意見，告訴他們保險業是世界上最難成功的行業，儘管需要付出比其他行業更多的精力和耐力，相對來說最終卻很少人會成功。

很大一部分比例的應徵者會知難而退，認為自己天生不是做保險代理人的材料。但是經理若是發現有一個人雖然備受打擊卻依然態度堅決，面對所有的困難都沒有表露出怯懦。如果這個年輕人同時為人誠實、大方得體、善於言談，便會得到經理的認可，有望成為一名成功的代理人。

　　如果應徵者有勇氣有耐力，通常他們都會獲勝。如果他缺乏這些品格，無論他的教養和受到的教育如何優秀，他都將會失敗。

　　一個著名的保險經理人說：「不懈地去追求成功的同時又肯付出努力的人才是我們所需要的。我手下管理著幾百人，他們當中有些人非常成功，所賺的薪水比大多數的職業經理人或生意人還多。這些人沒有接受過高等教育，頭腦也很平常，但是他們卻非常努力。經驗告訴我，在職業競賽中聰明與否只占一成優勢，而努力則占了九成。」

　　今天人們最需要的除了誠實以外還有耐力。雇主尋找它，人們信任它，而擁有它的人通常都會成功。整個世界都會為他讓路，他把那些雖然能力超過他但是耐力不如他的人遠遠地甩在了後面。

　　空有決心但卻不努力是毫無用處的。有的人空有成名之心卻不敢邁步向前，這種人是不會獲得機會的。如果一個人能夠迅速果斷地行動，人們會本能地為他讓路讓他前行。

　　獲勝之心絕不動搖，即使身處絕境也要堅持。很多成功人士因為自己堅持不懈的品格而聞名全世界。

　　身處順境、陽光普照、朋友雲集時要做到堅強勇敢是

很容易的。但是當身處逆境，一無所有之際仍然能做到內心的平衡卻需要莫大的勇氣和堅強的性格。

凱勒認為缺乏持久力是大多數年輕人失敗的主因。不能堅持到終點的人的數量是驚人的。他們可以使用一時蠻力，也可以突然用力，但是他們卻沒有持久力。他們缺乏勇氣，動輒就失去信心。萬事大吉時他們進展順利，但是一旦出現阻力或者摩擦，他們便心灰意冷，萎靡不振。

這種人一定要依靠一個強者才能夠獲取力量。如果總是有人在旁邊給他加油，他們便會成就非凡。缺乏了持久力的他們顯得處處不足。他們沒有脊椎，無法獨立。如果沉浸在熱情的氣氛中他們便會受到感染，但是這種熱情很快就會消失，而他們自身無法產生任何的熱情。他們只敢跟在別人的後面做事，凡事都保守起見，絲毫不敢獨自行動。

有所成就者通常都不懼險阻，他們的身體裡流淌著堅強的血液。

我認識很多優秀的人，他們傑出、和善，可是最終卻沒能取得與他們實力相當的成功，原因就在於他們缺乏耐力。他們溫順、平庸，他們缺乏成功所需要的勇氣、動力與原創力。

　　積極的人會成為領導者，進取的人會走到時代前沿。他們絕不會虛度光陰，拖人後腿。他們做事主動，不畏險阻，奮勇向前。

　　若是想成功，第一步就要告訴世人你不是牆頭草，你具有穩定性。儘早地建立好的名聲，要讓你的朋友們知道無論有什麼困難只要你決定去做就一定會堅持到底。

　　一旦別人認為你堅持不懈、決策果斷、毫不動搖，整個世界都會為你讓出一條道路。但是一旦人們認為你做事隨便、左右搖擺、柔弱不堪，他們便會把你踩到腳下、擠到牆角。

　　如果人們做事果斷，有始有終，意志堅定並且積極進取，那麼他們不但會功成名就而且也會得到社會的信任和尊敬。人們相信他們，因為他們不會猶豫不決、臨陣脫逃；他們意志堅定，堅持目標，值得信賴。

　　能夠得到人們尊敬和讚賞的品格莫過於目標明確，始終如一。

第九章　先做點別的

沒有人的體力和時間會充裕到足以在許多的領域裡碩果累累。
通常僅有一技之長的人比多才多藝者更容易成功，他們為了避
免失敗或者淪為平庸之人，會不斷地向自己唯一的目標奮勇前
進，最後取得成就。

　　有個年輕人寫信給我，他說他很想學習法律但是他決
定先暫時做點別的事情試一試。這種想法使很多年輕人成
功的希望化為泡影。一個人可能會受環境所迫而去做一些
自己根本不喜歡甚至是非常厭惡的事情，結果就只能不斷
地變換工作，打一槍後換一個地方，最後那些本應該用於
接受教育或者培訓的寶貴年華全部流逝。這種做法無異於
自取滅亡。

　　年輕人不懂得動力的價值。動力具有神奇的力量，使
我們的力量得到成倍的增長。而動力來自於在某個特殊的
行業堅持不懈的努力和多年來在某件事情上進行的自我訓
練。動力就像是雪球一樣，在滾動中越變越大。

　　人生的宏偉目標之一就是要去累積在某個行業中我們
可能得到的點點滴滴的經驗。隨著工作效率的提高，自身
價值也會得到提升。不斷地重複著同一件事情，最後我們

從一個無知之輩變成了能工巧匠。

年輕人，如果你想做一名律師就不要「暫時」地去試試其他事情。完成你的義務教育之後將全部的力量和熱情都用在法律上，下決心去掌握所有關於法律的知識。在法庭上要做一個佼佼者。不要滿足於做一名廉價的律師。如果你覺得自己生來就適合做律師，那麼去了解一點點農業知識、一點點木工技術、一點點土木工程知識之後再了解一點點的法律常識對你來說有什麼用呢？做真正的律師，做專一的律師，做在社會上舉足輕重的律師而不是去做某個律師的翻版或者複製品。

「時間被很用心地浪費掉」，這句話適用於那些在清醒狀態下卻一無所獲的人。對於他們來說，稍有閒暇是一件很危險的事情。無所事事並不是最壞的，沒事瞎忙、天馬行空但卻毫無頭緒通常要比什麼都不做更糟糕。

這種人終日操勞奔波但卻徒勞無功，如同一扇旋轉門不停地轉動卻仍然停留在原地。他終日忙碌卻毫無成效，他說得很多卻空泛無物，他手頭承擔的事情過多卻沒有一件事是得心應手的。這種人和遊手好閒者一樣不務正業，他們雖捨棄了自己的玩樂時間卻也忽略了自己的本職。

謹記「流走了的水不能使磨盤轉動」。在開始時你可

能擁有一些體力，你可以做農民、教師、律師、醫生或者銷售員。但是如果你體能的「水庫」出現了許多裂口，你的儲備被排盡，你會吃驚地發現推動人生磨盤轉動的水量變得如此之少。

歌德有一句箴言：「無論身處何地，務必全力以赴。」這對那些無法專心做事的人來說應該是個很好的句子。

很多熱情又認真的人就像是一座布滿漏洞的大壩，就算水都流光了轉輪也沒有轉動，功用一點沒有發揮。他們的精力過於氾濫，結果哪怕是一片好心也最終一無所獲。

務必要保存體力。一個非常有前途的大公司的年輕經理拒絕擔任兩家大銀行的領導職位。他說之所以會拒絕是因為如果目標過於分散他就無法獲得很大的成就。

腦力上出現的每一個漏洞都會減少在轉輪上流過的水量。其中胡思亂想是最微妙也是最危險的一種，它會嚴重地影響人們的工作效率。懊惱悔恨、莫名擔憂、無謂嫉妒以及徒勞無功都是漏洞，他們正在逐漸地消耗著能量。

如果一個人年輕時沒能學會如何集中力量、全神貫注，那麼他永遠不會取得非凡的成就。同時從事多件事情對人生的消耗是驚人的，沒有人可以強大到足以分身無數。人們能越早地意識到這一點就能越快地成為社會的有用之才。

有些人要是沒有整天東忙西忙本來是可以成功的。他們不能集中精力，所做的努力也都支離破碎，這樣又何談成功呢？成功需要人們務必目標始終如一。螞蟻背著比自己體重大得多的穀粒去爬高牆，經過無數次的失敗終於爬到了頂部，這對於所有人來說都很有教育意義。

能夠集中力量、堅定不移的人才能夠到達牆壁的頂部。他們知道成功不能一蹴而就。只有堅持不懈、不改初衷、不懈努力才能奪取人生戰役的勝利。

無論一個人多麼才智超群、心思縝密、多才多藝，如果不能做到集中精力、持之以恆，他的才能對於他來說將一無是處。

縱使是天才也不能均衡地發展全部的潛能。在這個競爭的社會，樣樣通的人往往樣樣鬆，事事都將無功而返。他無法成為任何一個行業的專家，反倒在很多的行業裡成了平庸之輩。

園藝工人會剪掉許多嫩芽和枝杈，短期來看這似乎是很大的損失。但是他知道為了樹木或作物本身的未來發展這些都是必要的。經驗告訴他不經過修剪的樹木只能結出乾癟瘦小的果實，因為本來可以結出汁多味美、甘甜如飴果實的樹枝沒能得到充足的養分。

種花的人會發現有些花蕾雖然最終會開出花朵，但是這些花朵姿色平平、貌不驚人，所以必須摘掉。這樣營養就不會被分散掉，最終才可以培養出相對來說數量很少但是卻朵朵精品的鮮花來。

菊花如果無人料理就會變得枝葉橫生、低矮瘦小，既不美豔也無香氣。但是如果加以修剪，每棵雖只能開出一兩朵但，卻朵朵碩大，美麗至極。因此，許多年輕的男女們雖然開花無數但在生命的後期卻毫無成就。他們從不進行修剪，一心指望所有的花蕾最後都會開花結果。

想要獲得成功就要目標專一，將所有的力量集中到一個點上。沒有人的體力和時間會充裕到足以在許多的領域裡碩果累累。

若想出類拔萃，先要去除多餘的枝葉。如果同時有兩個目標那麼就要無情地揮動剪刀，不但要去除懶散等不良枝椏，即使是好的花苞也要犧牲掉。

普通人失敗的原因不僅僅是缺乏能力，更多的是無法做到專心。他們精力分散而無擅長之處。他略懂音樂，知曉一點演講，房地產也略懂一二，農業也有所涉獵、法律懂得一點、書也教過一陣子，他愛好寫詩還為某些期刊撰過稿。換句話說，他們其實是在揮霍著自己的精力。如果

他在年輕時就犧牲掉一些愛好，把分散精力的枝椏剪掉，將全部的營養都輸送給一條根莖，他就有可能結出震驚世界的豐碩果實。而如果所有方面一起發展，東奔西跑，不在任何地方久留，他就只能成為在許多方面的失敗者。

通常僅有一技之長的人反倒比多才多藝者更容易成功。一技之長的人更能夠集中精力。為了避免失敗或者淪為庸人，他們不斷地向自己唯一的目標奮勇前進，最後反倒有所成就。多才多藝反而分散精力。面面俱到者終將一無所成。

這是一個競爭與分工精細的年代，如果不能集中火力，幾乎沒有人能夠成功。一知半解、東奔西跑什麼都做的人毫無希望。專心、專業、專一，人們才會獲勝。

當代年輕人若想成功就要經過專門的訓練，從來沒有像現代社會這樣要求人們具有專門的知識。各行各業都在趨向於專業，人們若想出人頭地、身兼要職首先就務必是一名專家。雜而不精者沒有立足之地。年輕人必須精通自己所從事的工作，否則將出頭無望。另外，也從來沒有像現在這樣為各行業的專家們提供了如此豐厚的薪資和優越的條件。

如果可以做到統籌精力、排除干擾，任何路邊風景都不能使你轉移視線或者改變目標，那麼你就已經從專心致志中獲得了力量。

第十章
改變，更待何時

如果你在一個職位上待的時間足夠長但仍然毫無收穫，就停止自我摧殘吧！選對了行業你也許會得到很快的發展，你的信心會得到增強，你壓抑的能力會得以復甦，你會覺得自己的人生充滿了意義。

　　傑出的銀行家列維·莫頓[17]在 1888 年當選了美國副總統。1893 年夏天的某一日，莫頓正坐在華盛頓的旅館裡和當時的農業部長交談，部長問：「莫頓先生，是什麼使你放棄了自己的紡織行業？」

　　「是愛默生。」莫頓簡單地回答。

　　「你指的是什麼？」部長問。

　　「是這樣的。三十年前在做紡織品期間我被壓得喘不過氣來。外債金額龐大，日子過得很艱難。這時，我讀了一本愛默生的書。書中的一些話深深地觸動了我，從此改變了我人生的軌跡。愛默生說：『如果你手中握有人們需要的東西，即使你身居叢林，人們也會前往探望。』」

17　列維·莫頓（Levi Parsons Morton, 1824-1920），美國政治家，第二十二屆美國副
　　總統。

「那時候雖然我一直信用不錯，但是和其他商人一樣有時要從銀行貸款。所以我當時認為世上唯一有價值的東西就是現金。愛默生的話使我開始思考。不久後我意識到現金就是人們最需要的。雖然人們有時需要紡織品，可是他們永遠需要金錢。錢可以買到服裝、食物，合理使用能帶給人們舒適和幸福的生活。人類的歷史證明為了金錢人們不僅能夠進入叢林，甚至可以為了它而不惜跋山涉水。」

「於是我開始從事銀行業，辦理抵押貸款。我發現以前是我在尋找客戶，現在是客戶在找我。對於睿智的話語仁者見仁智者見智，經過個人詮釋之後再採取行動才有可能獲得成功。」

我認識很多不思改變、一條路走到底、最後以失敗告終的人。雖然他們兢兢業業地追求成功，但是終其一生卻失敗連連。究其原因就在於他們不得其所，又不敢面對現實做出改變。如果你費時費力卻仍然不能如願以償，那麼可以肯定你一定是選錯了行業。這時的你就如同一條在沙灘上費力游泳的魚。天生我材必有用。仔細地審視自身，了解自己的喜好，如果你身處於一條死胡同，就不要將生命浪費在那裡，一定要盡力找到自己合適的位置。

如果你在一個職位上待的時間足夠長但仍然毫無收穫，就停止自我摧殘吧！別再把「滾石不生苔，轉行不聚財」當成自己的座右銘了。是該考慮另一條諺語的時候了：「勤換牧場，牛肥馬壯」。別再做一輩子的三流教師了，一定是哪裡出了差錯，使你做了糟糕的教師卻毀了一個優秀的農夫。如果你從事法律工作 10 年或 15 年卻仍然不能過一種體面的生活，很有可能是你選錯了行業，你也許更適合做一名修理工人。

　　不要突然地做出改變。通常人們可以一邊做著一種工作一邊考慮另一種可能。美國西部有很多成功的伐木工人四十歲前可能還是一名牧師。也有很多人在這個年齡才轉行做了牧師。當他放棄講壇拿起了電鋸，他就做出了正確的選擇。雖然他曾經選錯了行業但是他及時發現了錯誤並加以改正。毫無疑問的，很多的律師也許更適合做伐木工作，而許多的伐木工人也許更適合做受人尊敬的律師。如果你確信入錯了行業就一定要及時更正，亡羊補牢，為時不晚。

　　有多少年輕人入錯行，人生變得一塌糊塗。如果選對了行業他們也許會很快地得到發展。但是由於不得其所，他們自我摧殘、自身受困、怨氣沖天，心中不斷地盤算著也許自己會更適合其他的領域。

　　一棵橡樹如果條件適宜本來可以長成參天大樹，但是由於不得其所只能長成低矮的灌木。刺果松高聳入雲，身高十幾公尺，但是一旦土壤和氣候都不適宜，它最終只能變得矮小而多瘤。

　　僅僅因為第一步邁錯就一生受限，這是件多麼不幸的事情啊！如果人們可以找到適合自己的位置，他的信心會增強，他被壓抑的能力會得以復甦。他的理想也開始飛翔，他會第一次覺得自己的人生充滿了意義。

第十一章　儀表風度

聰明、歡快、警覺、迅速、思考敏捷、舉止優雅的人會快速地受到重視並且掌握局勢。因此穿著剪裁得體、量身定制的衣服是非常划算的，衣服材質好、剪裁好、得體合身的話，著裝者的自信心會不斷增加，自我感覺也會變得特別好。

　　許多年輕人沒能學會彬彬有禮、溫文爾雅的禮儀，結果失去了本應該屬於自己的成功。年輕人走路時拖著腳步，雙臂無力下垂，根本無法給自己的上司留下好的印象。管理者們一直都在從頭到腳地打量著自己的員工、留意著他們走進辦公室時的步態、體態和神態，有時候一些微小的事情就會影響到他們的決定。

　　如果人們在和雇主交談過程中能夠知道雇主心中在想什麼，他一定會受益匪淺。但是不幸的是人們往往不了解是什麼因素使得自己職場不順。也許是你遊移、鬼祟的目光在告訴對方你缺乏自制力；也許是你不敢直視對方；也許是你談話時不停地擺弄帽子；也許是發黃的衣領或者袖口；也許是凌亂的頭髮或者長期不修剪的指甲；也許是布滿皺褶的西裝；也許是一根菸或者其他許多會影響別人決定的小事 —— 當人們的整個事業和人生的成敗都懸於一

線時，沒有什麼事情能夠說是小事。

　　邋遢、懶散和拖遝的步伐都表明這個人道德觀的鬆弛以及做事不認真的態度。雇主們習慣看到手下人步履輕盈、說話乾脆、回答問題乾脆利索。這些都表明這個人聰明、警覺、反應快。雇主們不想看到員工遲鈍、木訥、不修邊幅的樣子。

　　聰明、歡快、警覺、迅速、思考敏捷、舉止優雅的人會快速地受到重視並且掌握局勢。相反的，為人呆板、不修邊幅即使是天賦異稟也未必會受人喜歡。

　　剪裁得體、量身定制的衣服是最划算的。人們會迅速地把衣服的品質與人品聯繫到一起。如果衣服材質好、剪裁好、得體合身，著裝者會立刻面帶優越之色，自信心不斷增加，自我感覺異常地良好。

　　一件邋遢、皺褶的衣服會讓心地最善良的人看起來也略帶一絲邪惡。服裝的款式和品質也會影響人們工作的品質。良好的著裝使人們獲得難得的優越感，女性尤其如此。很多的有魅力的女性一旦換上日常便服連自己都會手足無措，無所適從。

　　衣著得體、感覺良好會讓人們很樂於開口表達。別的地方也許應該提倡節儉，但是購置衣物的錢一定不要太

吝嗇。

人們往往對巧妙的廣告宣傳大加讚譽。但有一個事實不容忽視：人的個性和公司本身就是最好的廣告。

一個曾經認真研究過這個問題的人說：「我認為乾淨的辦公場所、整潔的衣著和保養得當的手和指甲抵得上 50%的商業投資。」如果這些再加上良好的脾氣、禮貌待客、服務快捷和準確提供顧客所需，哪怕只是廉價的商品，哪怕不得不送貨上門，這些都抵得上他 100%的投資。

這一點對於城市和鄉村的商業都適用。在現代，城鄉間的交通高度發達，即使身居郊外也有許多可以選擇的購物場所。很明顯，如果鄉村的店鋪想要留住顧客也必須像都市裡的店鋪一樣整潔，店員也同樣要做到服務快捷、和藹可親和樂於助人。

▶▶▶ 第十一章　儀表風度

第十二章
禮儀也是資本

良好的修養會陶冶人們的性情,提升道德品格。許多人雖然才藝平平但為人很有禮貌,結果他們成功地累積了大量的財富。禮節對於商家和社會而言就如同機油對於機器,它使整個社會變得更加和諧。

除了正直和自信以外,沒有什麼對年輕人事業成功的幫助會大過良好的禮儀 —— 彬彬有禮、溫文爾雅。在條件相仿的情況下,應徵同一個職位的兩個人中,一定是更懂禮貌的那個人勝出。舉止粗俗無禮會令人側目,人們對其避之唯恐不及。彬彬有禮的人即使是相貌醜陋、肢體有殘缺也會比那些面容姣好、身體強健但舉止唐突魯莽的人更容易獲得他人的好感。

許多的人雖然才藝平凡但為人很有禮貌,結果成功地累積了大量的財富。很多醫生的成功和良好的名聲都離不開朋友和病人的口口相傳、大力推薦。他對病人友善溫和,替人著想,最重要的是他禮貌待人。許多律師、牧師、商人、工匠和各階層、各行業的人獲得成功都是因為這個原因。

喬治·皮博迪還在商店做店員的時候，當他的店裡沒有一位上了年紀的女顧客所需要的商品時，他甚至帶著她到別的店鋪去購買。後來，當這個女顧客去世後，他的禮貌待客在女顧客的遺囑中得到了物質的回報。

我曾經認識一個貧窮的年輕人，他剛開始做生意時店面小、資金少。但是他為人很有禮貌、樂於助人、做事認真，因此很快就受到了人們的關注。當女士們搭車來到他的小店時，他會攙扶著她們下車、把馬拴到陰涼處，如果是冬天還會為馬匹加上毯子。他竭盡全力使顧客滿意，很多顧客甚至慕名遠道而來。他的生意不斷地擴大，成了方圓幾里內最好的店鋪。

許多商家善於聘用討人喜歡、彬彬有禮的店員並因此而大獲成功。事實上，這些公司全都仰仗著這些人，一旦這些人離開，大量的生意也會隨他們而去。顧客們非常忠實於這些店員，一旦他們變換工作，這些顧客也會隨之離開。

巴黎最大的百貨公司——樂蓬馬歇百貨公司實際上就是由於創始人的友好待客和彬彬有禮而逐步發展壯大。

在公司發展期間一定要對員工精挑細選。每一個銷售人員都應該待人禮貌。禮貌待客應該是每個經營有道的店

鋪的首要要求。而教會員工禮貌待客的最好的方法就是要以身作則。對員工不要過於苛刻或者嚴厲。要讓員工覺得自己是公司的重要成員，公司需要他們的服務。盡一切可能使員工感到舒適和自在。友善比嚴厲更能夠讓生意長久地發展。得到良好待遇的員工會很好地為公司做宣傳。他們會跟別人談論公司，告訴他人老闆對自己的態度。不要小看這一點：這非常重要。

好的銷售人員要富有同情心、友善並且善於社交。他們的友好是自然流露出來的，因此比那些勉強做出的表情更能夠贏得好感。銷售員要做到彬彬有禮、有求必應，即使受到刁難、冤枉也要對雇主忠誠，對顧客有禮貌。大公司要求員工必須對顧客殷勤但是不能強迫推銷，員工要清楚每一位來店者都是公司的客人，無論是否購買，都應該得到客人的待遇。銷售人員代表著公司的形象，應該不遺餘力地樹立店家和公眾間的良好關係。

有許多人年輕時沒有學會禮節，不懂得文雅、得體的處世，結果一生都深受其害。他們為人粗俗，舉止令人生厭，無法贏得他人好感或者為自己招攬來生意。換句話說，糟糕的舉止使他們的發展受限、事業受阻。

小時候學會有禮貌，長大後就會很有人緣。在其他條

件相仿的情況下，受到晉升的員工一定是舉止優雅、行為得體、風度翩翩的。他們是你的資本，甚至比金錢更有價值。討人喜歡，再加上受過良好的教育、才華橫溢的人更容易成功；而為人粗野、心地不善良的人即使手中握有資金也注定要失敗。我們到處都能看到舉止優雅的年輕人領著豐厚的薪水。公司需要這些舉止文雅的人去做管理者、銷售員、公司職員、私人助理或者信用調查員。好的氣質是人們必不可少的素養，它能夠為人們打開機會的大門，讓人們在社會中得到大家的好感。

禮節對於商家和社會而言就如同機油對於機器。它使一切進展順利，減少阻礙、減少摩擦、減少噪音。

如果人人可以遵守禮儀，每個人都友好、善意、熱心，整個社會將成為一塊安樂之地。

良好的修養會陶冶人們的性情，提升道德品格，使整個社會沒有了摩擦、沒有了挫折而變得更加和諧。

第十三章
神經敏感與事業成功

許多人因為過於敏感而使得事業止步不前，想要克服這個成功的勁敵，就要有堅強的意志和不屈不撓的決心。克服病態敏感的最好的辦法就是自由地與人相處，客觀地看待自己的能力和智慧。

　　很多人天生就很怕生。如果他們想成為成功的商人就必須克服這種情緒。許多人因為過於敏感使得事業止步不前。我認識的很多年輕人都很能幹、稱職、有學問，但是對任何建議或批評都異常地敏感，結果事業一直沒有達到應有的高度。無論是在辦公室、工廠、商店還是其他地方，他們都覺得有人在嘲笑他們而備受傷害。他們總是傷痕累累，不僅自己不開心，工作的效率也受到了很大的影響。

　　過度敏感的人通常細膩、嚴謹、聰明。要是他們能夠克服這個缺點就能成為勤勤懇懇、一絲不苟的員工。但這是一個很嚴重的缺點，雖然不等同於自我主義或者自負自大，但是卻說明了人們的自我意識過於強烈，一葉障目而不見森林。這種人無論走到哪裡都覺得人們在看著自己、談論自己，覺得大家的目光都在自己的身上，在評論他，

在取笑他，而實際上人們可能根本就沒有注意到他。

　　過於敏感的人不但心情不佳、成功無望的同時健康也會受損，因為一旦這種和諧不存在，健康也就不復在。若想成為一個健全的人就要有自知之明，當然不是在消極方面的自知之明。他要能夠蔑視一切批評和嘲笑。當有人告訴第歐根尼[18]他被人挖苦的時候，他卻說：「我根本沒有被挖苦啊！」他認為只有被嘲笑擊中並深受其害的人才能算得上是被嘲笑的。

　　克服病態敏感的最好辦法就是自由地與人相處，客觀地看待自己的能力和智慧。只有忘掉自我才可能維持自己的最佳狀態。若想克服這個成功的勁敵就要有堅強的意志和不屈不撓的決心。亡羊補牢為時未晚，很多深受其害的人透過多年的努力克服了這一缺點，最終取得了勝利。

　　優雅的舉止和端莊的姿態主要取決於人們的心理和自信心。害羞和敏感的人過於關注別人的看法因而總是難免尷尬與難堪。他們總是疑神疑鬼，懷疑自己被人關注，被人取笑。

18　第歐根尼（Diogenes，西元前 413～前 323 年），古希臘哲學家，犬儒學派的代表人物。據說第歐根尼住在一個木桶裡，擁有的所有財產只包括這個木桶、一件斗篷、一支棍子和一個麵包袋。有一次第歐根尼正在曬太陽，這時亞歷山大大帝前來拜訪他，問他需要什麼，並保證會兌現他的願望。第歐根尼回答道：「我希望你閃到一邊去，不要遮住我的陽光。」亞歷山大大帝後來說：「我若不是亞歷山大，我願是第歐根尼。」

解決問題的第一步就是要消除自我意識，使得為人輕鬆自然，這樣難堪和不雅的舉止也會隨之消失。瓦特利大主教[19] 天生羞澀、敏感、疑神疑鬼，忍受著難以名狀的痛苦卻無計可施。後來，他下定決心不去理會他人的看法，不為他人的評論所左右，也不去空想周圍有無數雙眼睛盯著自己，最終他克服了這個缺陷。

---

19 瓦特利大主教（Richard Whately, 1787-1863），英國神學家、修辭學家、邏輯學家、哲學家、經濟學家，還曾擔任愛爾蘭都柏林大主教。

第十四章　惱人的怪癖

在無意識中形成的討厭的、傷人的、愚蠢的習慣經常會成為我們前進的障礙。年輕人要經常仔細、公正地審視自身來找出可能使自己發展受困和前途受阻的怪癖，並加以改正。

　　微小的事情也會影響人們的升遷。一些諸如服裝、衣領、袖口、指甲和頭髮等外表，說話時不經意的表情，亂用成語，說話時不敢抬頭，忘記脫帽，手拿香菸，全身菸味或者一些其他的粗魯、無禮的舉止以及許多微不足道的小毛病成了很多年輕人前進道路上的絆腳石。

　　形形色色的怪癖阻礙著年輕人的發展。年輕人通常意識不到良好的舉止對成功的影響。每個人都希望自己身邊的人脾氣溫和、行為得體而不是粗俗、怪異、不合群的。我們都嚮往陽光而厭棄陰暗潮溼的場所以及不舒適、不和諧的環境。

　　即使才華橫溢也抵消不了討厭的怪癖的負面影響。很多年輕男女受過良好的教育，有能力、有經驗卻保不住自己的飯碗。原因就在於他們有著令人討厭的怪癖或者舉止而他們的雇主又不好明說，於是就隨便找個藉口將他們打發了，再找一個比較稱心的人來代替他們。

雇主們可不想留乖僻、鬱悶、憂鬱的人在自己身邊。他們喜歡聰明、樂觀、開朗、陽光的員工。言語刻薄、冷嘲熱諷、找碴鬧事的人在團體中很難受歡迎。

有些人固執、任性、冥頑不化，他們堅持己見、自私自利；有的人自我本位、自負自大，他們自吹自擂、邀功請賞。這些人都沒有立足之地。

搬弄是非、造謠生事、亂嚼舌根、在員工間挑撥離間的人也永遠不受歡迎。

令人生意或者事業受挫的往往不是什麼了不起的大事而是連他自己都不屑一顧的瑣事。障礙之一就是不和藹可親。有多少銷售人員因為急躁、傲慢、缺乏冷靜而失去了大筆生意！有多少編輯由於為人虛偽、不熱情、脾氣暴躁而失去了眾多投稿者、出版商和發行人！有多少旅館老闆或服務生因為舉止輕率、待人冷漠而失去了大量的顧客！

但是如果我們簡單地把友善看成是獲取物質成功的因素又會過於狹隘。在家裡、在街上、在商店、在學校、在辦公室、在市場，只要有它的地方就會給人們帶來幸福、歡樂。從這一點來講它的價值就不僅僅是幫助人們成功、帶給人們物質財富。

年輕人一定要留意那些可能使他們成功機率降低的微

小事情。比如說：雙手或者肌肉不自然地抽搐、隨意的調笑、兩隻手不停地擺弄東西、奇怪的動作、隨意的站姿或坐姿、無精打采的步態、尖酸刻薄的言論，這一切都是影響人們成功的可能性。

許多人的腦筋快、身體好本應該前途光明，卻因為言談舉止的怪異而最終無功而返。這些怪異的舉止本身也許並沒有什麼不對，但是卻令與其交流的對方心生厭惡或避而遠之。

如果我們把影響成功的微小的事情記錄下來並且分析它們對成功所產生的影響，將會大有裨益。

如果一個年輕人脾氣暴躁、性情乖僻，他成功的機率就減少了 25%。不修邊幅、外表邋遢的年輕人以及牙尖嘴利、嘴上不饒人的年輕人的情況也是如此。

很多優秀的速記員雖然能幹卻得不到提拔，原因就是他的雇主受不了他某個惱人的壞習慣。雇主很清楚他很有能力但是卻寧願僱用一個能力比他稍差一點的人，因為那個人親切和藹、討人喜歡。那些缺乏親切感、缺乏友善的人連自己都弄不懂為什麼事業總是止步不前。

我們在無意識中形成的討厭的、傷人的、愚蠢的習慣經常會成為我們前進的最大障礙。年輕人要經常清點自己

成功的資本，仔細、公正地審視自身來找出可能使自己發展受困、前途受阻的壞習慣或怪癖。經過嚴格的自檢發現自己的缺點並加以改正，不要等人到中年後才扼腕嘆息地空悲嘆。

第十五章　無能之輩

> 凡事務必全心全意對待，即使是寫信或是日常瑣事也一定要全力以赴。懶散的習慣一旦養成人們將終身受害，請遠離那些做事潦草、胸無大志的人。滿懷熱情、志向高遠、頭腦靈活的人才能夠走在前沿，不斷地進步。

　　道德缺陷中最難治癒的當屬人之無能。

　　整天遊手好閒、胸無大志、坐沒坐相站沒站相、無精打采、鬆鬆垮垮的年輕人是無藥可醫的。他所寫的每一封信、所做的每一件事、所說的每一句話和身體的每一個動作都能表現出他的無能。

　　無能是一種病，唯有用冒險式療法方可治癒。有時候當無能的人被置於孤立無援、走投無路、叫天天不應之情境時，他們反倒能夠使出渾身的解數，重新開始自己的人生。

　　我們要警告年輕人提防這種病，因為它極具傳染性。它會在整個家庭、學校和社區裡蔓延。在小鎮裡隨處可見得過且過的景象，造成鄉村籬笆倒塌、田裡雜草叢生，穀倉和房屋年久失修──總之，滿眼頹廢，滿目荒涼。

　　遠離那些做事潦草、胸無大志的人，就像是躲開患有

天花的病人一樣。他患有道德上的惡疾，如果不努力甩掉會令生命枯萎。

優柔寡斷、猶豫不決的人會迅速把毛病傳染給周圍的人。他的手下也會變得像他一樣。他不清楚自己要做什麼，總是左右搖擺。當然他的手下是不會替他做決定的。於是，公司的事務一拖再拖，所有的事情做起來都是慢半拍。命令得不到執行，信件只寫了一半。到處都是消極的氣氛。員工不了解上司的意圖，上司也動輒就對員工發脾氣。

優柔寡斷最能消磨人們的意志。這種人不斷地權衡、琢磨卻遲遲不做決定。他們很快就會喪失決策力，不再相信自己的判斷並且對周圍的環境失去控制。他們不表態、不做決定，凡事都消極悲觀，從不相信自己的能力。而果斷的人樂觀處世，深受人們信任，你絕不會把他們當作弱者。他們了解自己的想法並且勇於表達；他們了解自己該做什麼，並且會馬上動手。

在電影《小牧師》中有一個人物，他告訴別人說他要把那棵礙事的樹砍掉。但是他遲遲沒有動手，樹木越長越高大，他也上了年紀。他又說：「我老了，可是我一直沒有找到斧頭。」有位藝術家想要畫聖母瑪利亞，他熱情地

和朋友談論他的想法，但是有時是因為他的心情，有時是因為光線，有時是因為人物的姿勢，總之，總是不合他意，所以他遲遲沒有提筆。他腦子裡不停地想著這件事，什麼也做不了。當死亡來臨時，他懊悔不已，自己腦海中的不斷完善的輝煌的畫面沒能呈現在畫布上，沒能夠震驚世人而令自己功成名就。

人生最悲慘的事情之一就是人們總是思前想後卻遲遲不能得出結論。在遲疑不決中他錯過了人生的精彩。

做事三心二意，沒有熱情、沒有信心的人注定會是個失敗者。

要熱情洋溢、堅持不懈、不畏險阻、堅持理想，否則必將一事無成。懦弱、猶豫、敷衍者談何理想和熱情，更如何能取得他人的信任。沒有他人的信任，成功將無從談起。而信任只屬於積極樂觀、精力充沛、鄭重其事的人。

凡事務必全心全意地對待，即使是寫信或是日常瑣事也一定要全力以赴。懶散的習慣一旦養成將終身受害。

世上有多少人整天自怨自艾，感嘆時運不濟。而事事不用心才是他們失敗的真正原因。他們做不到全心投入，只是如蜻蜓點水般淺嘗輒止。他們心不在焉、三心二意、半途而廢；他們在困難面前退縮，所做的努力也都付之東流。

　　意志力、動力和良好的判斷力在成功的道路上缺一不可。滿懷熱情、志向高遠、頭腦靈活的人才能夠走在時代的前沿，不斷地進步。

　　我們見到過很多漫無目的、隨波逐流的人。他們被意志更堅定、體力更充沛的人所取代；他們心灰意冷、止步不前，於是只能順流而下，擱淺在人生的海灘上。

　　年輕人失去理想是一件很危險的事。他們只能順流而下，碌碌無為。他們虛度光陰，無力前行，胸無大志，生命也隨之枯萎。讓這些年輕人認清自己的絕望處境會更加打擊他們的銳氣。涉世初始他們還滿懷抱負，但是挫折接踵而至，壓彎了他們的脊椎，他們只好躺在地上無力躍起。

　　當然，有許多人停止前進不是因為自身的問題，而是看到他們身邊的大多數人由於自身的懦弱或缺陷而止步不前（往往是成功在望之際），還有一些人是缺乏勇氣和意志力。這些人若是稍微堅持一下自己的理想，是可以嘗到成功的滋味的。

第十六章　決策力

善於思考、別出心裁、富有創造力的人倍受重視。果斷決策的人的成功機率遠遠高於那些猶豫不決、優柔寡斷的人。年輕人若想成功就必須堅決果斷，一旦決定行動方案就毫不猶豫地去執行，寧可犯錯也不要躊躇不前。

具有創造力的年輕人很搶手。太多的人每天只是循規蹈矩、照本宣科、步人後塵；而具有原創力和創造力的人卻勇於闖入無人的荒野為他人開天闢地，這種人珍貴而罕見。

善於思考、別出心裁、富有創造力的人備受重視。保險公司、公司老闆、大集團都對這樣的人求賢若渴。法律界、商界、科學界，生活中的各行各業都需要這樣的人。

能夠果斷決策的人的成功機率遠遠高於那些猶豫不決、優柔寡斷的人。拒絕思前想後、左右搖擺，要就當機立斷，不然就得損耗能量。

年輕人最怕的就是不斷地權衡、比較、左思右想、左右為難，最後搞得自己思路混亂，腦子裡一團糟。這種習慣不但消耗著人們的腦力同時也注定了人們難逃慘敗的厄運。

年輕人若想成功就必須要堅決果斷，寧可犯一些錯誤

也不要躊躇不前、猶豫不決。當然拿定主意並不等於匆忙動手或者不做充分的準備。他需要準確地判斷，做出決定然後就毫不猶豫，全力去執行。即使失敗也不心灰意冷，因為吃一塹長一智。就他個人而言，在自主、果斷的決策中所獲得的經驗將比經過不斷地權衡、比對、思前想後、左右搖擺到最後向前邁出的哪怕是成功的一步意義還大得多。

許多人才華橫溢但最終一事無成就是因為缺乏決策力。他們無法獨立做主，哪怕是再簡單的事情也要向別人徵求意見。他們思前想後最後搞得自己頭昏腦漲。想得越多、得到的建議越多反倒使自己更加拿不定主意。觀其一生，他們躊躇、猶豫、動搖，不堅定、不果斷，縱有滿腹的才華，成功對於他們也是可望而不可即的。

把握時機果斷出擊才有可能成就一番大業。做事要目標明確、認清情況、不懷疑、不猶豫，只有這樣才可能實現目標，成就夢想。

成功者未必要把自己弄得歷盡千辛、嘔心瀝血。以約翰·皮爾龐特·摩根為例。他在執行龐大的計畫時似乎總是信手拈來、不費吹灰之力。因為思路清晰、洞悉全局，所以他可以輕而易舉地達到目的。

在凸輪的作用下鋼具在鋼板上平滑運動，就像是廚師手裡的麵團一樣。其原理就在於巨大的平衡輪所產生的強大的動力使得機器可以在克服任何的障礙同時又不會產生碾軋或磨損。傑出的人物所取得的巨大成就也是因為他們非凡的智力、理解力和對複雜局勢的掌握所產生的動力。

這種人首先必須獨立、自主和自信。他們不會每碰到一個人就向對方詢問建議。他們不會徵求手下或同儕的看法；他們仔細觀察、認真研究，就像是將軍在大戰前認真研究作戰計畫一樣，隨後便果斷出擊。

智力超凡、決策力強的人總是自信樂觀。他們了解自己所需要的，絕不兩面倒。他們絕不會在猶豫不決、斤斤計較中浪費自己的時間。他們一旦決定行動方案就會毫不猶豫地去執行。

此種類型人物中比較具有代表性的是英國的偉大軍人、時代的佼佼者基秦拿將軍[20]。這個謎一樣的人沉默寡言、一臉嚴肅、不近人情，是一位戰功無數的英雄。他獨立制訂計畫，然後精確、大力地加以推行。在南非作戰期間，有一天他決定遠征，而事先只有他的參謀長知道這個計畫。他安排了一輛火車、一輛貨車，又帶上了一車的士

---

20 基秦拿將軍 (Horatio Herbert Kitchener, 1850-1916)，英國陸軍元帥，參加過多次殖民地戰爭，第一次世界大戰中的重要人物。

兵，然後下令清理道路，所有的事情都要為他讓路。不容許事先做電報通知，他會突然到達某地。部隊裡的將軍們都不清楚他會在何時何地出現。

南非戰役期間發生的另一件事也很能表現他的特點。某天早上六點鐘他突然造訪位於開普敦的納爾遜山旅館，翻閱那裡的住房記錄，尋找當天應該值班的軍官的名字。他一句話也沒說走到這些軍官的房間留下一張字條：「早上10點鐘有通往前線的特別列車，下午4點鐘有去英國的軍隊運輸船，請趕快做出決定。」他不聽任何的解釋或者道歉。這是他的最後通牒，每個軍官都清楚他話中的含義。

他自信、堅定、經得起任何的考驗，對手下之士行使絕對的權威。他厭惡虛榮和奉承，蔑視世俗榮譽和華而不實。他天生充滿了力量，做起事來無聲無息卻又雷厲風行、速戰速決。

這位常勝將軍並不是很討人喜歡，他的手下對他也是懼怕多於愛戴。但是他超乎尋常的自信、專注、堅決、果斷、迅速和英明卻是每一個追求成功的人所應該具有的。

第十七章
商業訓練的意義

雖然進入商界沒有什麼特別的門檻，但一個人的知識面越開闊機會就會越多。從商之前最好能在某個相關的公司裡先獲得一些第一手的經驗，要對所從事的業務完全而徹底地了解，要隨時吸收和接觸新知識、新方法和新模式。

　　商業位於各行業之首。一般的職業或專業容易使人發展受限、壓制個性、泯滅創造力。自然界排斥不均衡的發展，那些只在某一個方面受訓的人最終會付出慘重的代價。自然所追求的是全面、有系統的發展。在這方面商業就比其他的行業具有優勢。它可以使人得以全方位地發展。通常，為人可靠、頭腦冷靜的人都適合做商人。他們所受的教育全面，並且善於抓住一切可能的機會。任何的培訓如果不是對人的感官進行全面的開發就終將適得其反。相對於全面發展的商人而言，各行業的專家和職業人士的常識相較之下少得多。現在有一半的大學畢業生都選擇了經商。而不久前一半左右的大學畢業生還是很青睞法律的，覺得能夠進入這樣比較有學識的行業可以受到人們的追捧。如果有人畢業後想要經商則需要莫大的勇氣。半

個世紀以前，商業還不是熱門的行業，但是隨著文明的發展和商業的不斷地進步，從商成了人們的首選，商界中到處都有人取得非凡的成績。

雖然進入商界沒有什麼特別的門檻，但有必要指出的是一個人的知識面越是開闊他的機會就會越多。從商之前最好能在某個相關的公司裡先獲得一些第一手的經驗。年紀尚小時就開始經商，一步一步地從底層做起，這樣就能累積大量的實用工作技能。只有經受得住層層篩選的人才能最終獲勝。一位成功的商人說：「在我的公司裡幾乎每個人都是從底層做起的。他們為了公司的發展而努力奮鬥最後自己也會得到進步，這是永恆不變的真理。涉世不深的年輕人明白了這一點，他們的前途也就有了保障。通常來我們這裡應聘的年輕人只要條件符合，我們都會給他們一個職位。」

到處都受歡迎的年輕人應該是清楚每一個環節，對整個流程一清二楚的人。雇主們希望自己的手下做到洞察局勢、勤奮刻苦、意志堅定，可以準確無誤、精力充沛、快速敏捷地執行方案。要不斷地去磨練、堅持不懈地付出才可能在當代取得成功。剛剛涉及商業的年輕人不能忽視一絲一毫對於掌握全局的缺失。沒有什麼要素能夠被忽視，沒有什麼苦難不能承擔，沒有什麼困難不能克服。

我們總是看到年輕人們不願意為成功而付出辛苦，他們只品嘗工作帶給他們的甜頭，而逃避工作中的艱辛、困難和委屈的部分。這就如同一群士兵穿越了敵人占領區，身後卻留下一個個未征服的堡壘，結果只能是不斷地腹背受敵，眼看著自己的人一個個被打死。若想確保勝利就要斬草除根，不留後患。不肯吃苦的心理一定要克服。

　　許多失敗者的墓碑上應該刻上這樣的墓誌銘：「因為準備不足而終被淘汰。」在很多地方都能找到這樣的人，他們偃旗息鼓、功敗垂成就是因為年輕時沒有做好充分的準備。

　　在華盛頓的專利局存有大量的處於發明初期的作品，由於專利所有人的無知而使其最終毫無用處。空有發明的才能卻不具備可以使其再向前邁出一步的技術知識，再好的想法也只能流於空談。如果當年沒有提早地結束了學業，這些發明人也不至於在發明的關鍵時刻不得不放手。職業介紹所被尋找工作的年輕人擠得滿滿的，他們體力充沛、身體健壯、頭腦靈活。但是他們每一份工作都做不長，因為他們沒有後勁，職前的準備也不充分，他們每走一步都顯示出不足。沒有人願意挽留他們，因為他們做任何事情都不完美、不徹底。

　　西班牙有句諺語：「不善觀察的人走遍森林也找不到

一根柴火。」一些年輕人也一樣對身邊發生的事情視而不見。年輕人在吸收知識的能力方面存在著驚人的差距。有的人在店裡工作了許多年，但是他不能留心觀察所以對整體商業的運作一無所知。有的人剛來了三個月就熟悉了店裡的所有業務。

我認識一個在律師事務所工作的年輕人。他的薪水微薄，但是在辦公室工作三年後他學到了大量的辦事方法和法律知識，後來只是在法律學校學習了一段時間後就通過考核當上了律師。還有幾個男孩也是在律師事務所做了很多年，但是什麼也沒有學到，只是整天的呆頭呆腦地領著微薄的薪水。成功與否都取決於自己。當上律師的這個男孩就是為成功所生，他不斷觀察，掌控全局，不斷地累積知識，提高自身能力，修改做事的方法，其他男孩卻恰恰相反。

我的公司裡曾經有一位很傑出的年輕人，他待人真誠、忠於職守、誠實本分，可是因為不懂得廣泛地涉獵知識，所以一直得不到晉升甚至連工作都只是勉強保住。他不接受新觀點，一味地墨守成規，他向來很準時，從不遊手好閒，但是他一點也沒有學到新的知識，也絲毫沒有進步或者晉升。

公司裡還有一些年輕人，他們對局勢了然於胸。他們的思考開放，反應迅速。他們大量地吸收和運用知識。他們陶醉於知識的海洋就像是飢渴的人陶醉於甜美的水一樣。他們把公司當成了一所大學，在這裡他們爭當高材生。

滿懷抱負的年輕人若想有所成就就要對所從事的業務完全而徹底地了解。他要瞪大眼睛，不放過任何蛛絲馬跡。他要時刻警惕，隨時吸收和接觸新知識、新方法和新模式。

相對於可以學到知識而言，薪水的多少對於他來說就不算很關鍵。能夠接觸到業務流程、接觸到相關負責人、可以學習具體的操作細節，學習和對比各種方法、了解雇主成功的祕訣，這一切對於他來說比薪水重要好多倍。只要有機會學到知識，能夠受到訓練，他就心滿意足了。

當他在晚上回想一天發生的事情時，這個精明而有抱負的男孩總結出他白天裡眼睛所觀察到的、思考所接收到的以及他自己推論出的最佳經營之道，這一切的價值都比白天賺到的日薪貴重許多。一旦掌握了這些知識，在將來的某一天裡他就有可能賺到相當於現在一年的薪水。

掌握做事的方法才是至關重要的。

　　今日，有無數的年輕人身處商業中心學習商業的最佳
課程，卻仍然感嘆自己薪水低、機遇少。如果他們能夠睜
大眼睛、開放思考、學會去觀察事物、吸收知識，他們就
不會抱怨「沒有機會」或說什麼自己時運不濟的話了。他
們要明白自己已經踏上了財富之路，只要持之以恆、不畏
艱辛最終一定會實現自己的目標。

第十八章
「走一步，看一步」

我們一定要用飽滿的熱情全身心地投入到所從事的每件事情中。偉大的創舉、人生的勝利都不是由僅僅滿足於維持現狀或是「走一步，看一步」的人來完成的，成大業者會不達目的誓不罷休，用戰無不勝的熱情橫掃阻擋在前面的一切。

每當被問及進展如何時，年輕人經常會回答說：「哦，走一步，看一步吧！」、「不過是混口飯吃而已。」這種說辭其實表明了他們停滯不前的狀態。「維持現狀」，「走一步，看一步」都不是創造生活，獲取成功的積極人生態度。

你並不是總能增加收入，改善物質生活條件，但是卻可以不斷地去累積生活的財富。

如果每個明天我們都能超越今天，那一定是因為昨天我們邁步向前。我們一定要用飽滿的熱情全身心地投入到所從事的每件事情中。積極的心態一定會在工作中有所表現，而這又一定會使得我們不僅僅只是維持現狀。

偉大的創舉都不是由僅僅滿足於維持現狀或是「走一

步，看一步」的人來完成的，成大業者不達目的誓不罷休，用戰無不勝的熱情橫掃阻擋在前面的一切，如同奔流入海的山間激流，能沖走任何阻擋其前進的障礙。

想像一位藝術家要畫一幅偉大的作品，但他卻心不在焉、三心二意，只花了一丁點的力氣，滿足於每天「走一步，看一步！」假設某位詩人要創作不朽詩篇，某位作家要寫出流芳百世的書籍，某位科學家希望找出某複雜問題的解決之道來造福人類，可是他們工作起來卻無精打采，粗心大意，漫不經心的！

霍勒斯·格里利[21]說：「最好的作品來自於精神飽滿、熱愛工作的手工藝工匠。」這樣的人有生活、有希望、有遠大的前程。他不求與眾不同，但求向前。「走一步，看一步」不是他的關鍵字。憑著堅強的意志力，他每日成長進步，哪怕只是前進一小步，但是他進步了，這才是最重要的。他全身心地投入到工作當中，而這將使得他不再滿足於僅僅維持現狀。

要像奧雷·布爾[22]演奏小提琴那樣地去工作。人們驚嘆於他對樂器出神入化的演奏，卻忘記了他幼年時對小提琴

---

21 霍勒斯·格里利 (Horace Greeley, 1811-1872)，美國著名報紙編輯兼出版商、政治改革家。《紐約論壇報》的創辦者。新生黨派自由共和黨的資助人之一。

22 奧雷·布爾 (Ole Bull, 1810-1880)，帕格尼尼最知名的學生，也是挪威有史以來最偉大的小提琴家。

的迷戀。人們想像不到一個只有八歲的小男孩會在半夜溜下床來，冒著惹惱爸爸而被鞭打的危險，只為了讓那把他珍愛無比的紅色小提琴再次奏出那令他魂牽夢縈的旋律。當他長大成人，他常常對著小提琴講話，撫摸它，將自己的靈魂融入其中。小提琴與他心意相通。他用小提琴打動人心，如同暴風雨撼動了整座森林；他用小提琴使數千人安靜下來，如同風中花香催人入眠。

如果沒有這種對事業的畢生熱情投入，奧雷·布爾能戰勝父親的懲罰和壓迫，戰勝貧窮、疾病和許多幾乎難以想像的障礙成為他那個年代最偉大的提琴演奏家嗎？

溫水產生的能量永遠也不能使火車前進一絲一毫。一個年輕人無論他的能力如何，如果他的努力和決心只達到了和溫水差不多的程度，那麼就會如同世間最好的火車其鍋爐裡的水溫沒能一直保持在沸點一樣，注定失敗。

許多人從未完全地行動起來。你可以走進一家大商店或者工廠，觀察在裡面工作的人們。他們看起來是那麼地身不由己，只有身體的一部分是醒著的。他們從未發現過自己的能力，認為只要稍稍做些事情就可以應付生活了，於是便滿足於此，付出最少量的體力和腦力。

我們在生活中遇到的大多數人也都如此，似乎需要朋

友的一些忠言逆耳才會使他們完全地行動起來。他們不了解自己的真正實力，也從未深入探索，只是滿足於自身零散表露出的技能，聊以滿足每日所需。他們住在山谷，從未想過爬到山頂用開闊的視野來審視自身及身邊諸多的可能性。

年輕人只有完全地行動起來，認認真真地做事，只有當他的能力得以充分發揮，當他覺得自己的工作在全人類的努力中是重要的，他才會有所成就。

然而有些人天生具有依賴性。如果讓他們自力更生便會覺得茫然無措。他們不自立，一定要依靠他人，要讓別人來為他們思考和做出安排。他們不能自己做主，沒有個性，擅長自我詆毀。他們逃避責任，渴望他人的建議、指導和保護。

對那些慵懶、懦弱和無能的人來說，各行各業和各種奮鬥之路都太過擁擠。胸無大志、一事無成的人永遠無處立足。這個世界需要的是那些行必果的領軍人物，胸有成竹的進取之士。不畏艱辛、獨立思考的有識者總是會有一席之地的。總是感嘆良機不再的年輕人注定會處處碰壁。

只有弱者和無能之輩才會被職位上的人員超編嚇倒。有能力獲取成功者永遠不會將「沒有機會」作為自己不作

為的理由。

很難想像一個小男孩說「我打算做個二等公民。我不想做上流人士也不要高薪好差事。二流的工作足矣。」人們會認為這個小男孩就算不是瘋了也算得上是不理智的。然而，你不去力爭上游就必定會淪落為二等公民。無數的人印證了這一點。二等公民如同市場上的滯銷品。只有當上等材質無法獲取時人們才會需要二流的產品。如果負擔得起，你會選擇穿上等的衣服，吃上等的肉、上等麵包。或者即使買不起你也會希望自己能夠享用這些東西。二等或劣等公民如同二流的商品一樣無人問津。只有當上等人才稀缺或是開價過高時才會被人想起。被委以重用的只能是一等公民。

二等公民有許多的特點。虛度光陰，反應遲緩，成長受阻，他們注定會成為二等公民甚至更糟。他們玩物喪志、空耗體力和精力、弄垮身體、失去魄力，最後四肢如風中樹葉般瑟瑟發抖。他算不上是個完整的人，更何談成為上等人。

每個人都了解二等公民的特徵。男孩們因為自認吸菸瀟灑而模仿別人，然後就一直吸下去，因為這已經成了他原本不該有同時又有害的習慣。男人醉酒的理由無數，但

無論是出於什麼原因，他再也做不了上等人，只有繼續酗酒無度。這其中有許多人虛度光陰最終淪為二等公民。

任由一開始的錯誤演變成為習慣，凌駕於自我之上，使你降為二等公民，並且在與榮譽、地位、財富和幸福的角逐中敗下陣來。對健康的忽視也造就了許多劣等公民。他們屬於二等或三等公民，被許多從小就潔身自好的人們所超越。但是如果他們任由自己一輩子都處於二流狀態的話，那就是咎由自取了。在現代，幾乎人人可以享受到教育甚至是相當不錯的教育。如果無法獲取到書本的知識或是實踐的理論就必定會淪為二等公民。

只有靠人格的力量和不懈的努力獲取的地位才會為人增添光彩、帶來榮譽。

未征服之地於我何用呢？也許憑藉父親的力量你輕而易舉地獲得了別人要經過數年的忠誠、高強度的勞作才能獲取的職位。但如果你不能掌控局面，無法靠實力守住陣地，那無法征服之地於你又有何裨益？如果你的無知和無能總是使你的處境難堪，你在下屬和你自己的心目中會是什麼樣的形象？

一個年輕人因為爸爸是百貨公司的老闆或者持有公司

的股份就被委以重任，而他的下屬中有許多比他更能勝任的年輕人卻在一點一點地打拚。這著實令人感到悲哀。如果這個年輕人有一絲一毫的自知之明，他就難免會蔑視自己。他清楚從某種程度上來講他就是個小偷，他霸占了一個別人奮鬥多年夢寐以求的位置，他在不勞而獲。他謀得職位不是憑一己所長而是拜人所賜。一旦意識到自己是在狐假虎威、無功受祿，他又將臉面何存？

　　如果你為自己的進展緩慢而急躁不安，請記住有種力量和實力會使你完全勝任你所追求的職位，有種能力會為你在任職期間增添色彩，而這些都會在你從下到上一步步地前進中獲得。邁向成功的不懈腳步鍛鍊著我們的體魄，使得我們可以傲然挺立、絕不動搖。不勞而獲、無功受祿則毫無價值可言。

▶ ▶ ▶ 第十八章 「走一步，看一步」

第十九章　梅花香自苦寒來

> 凡事都力求盡善盡美不僅是晉升最快的捷徑，也會對人們的性格和自尊產生強烈的影響。年輕時就應該做到凡事竭盡所能，將最有智慧的思想、最完美的工作成果、最充沛的體力發揮得淋漓盡致。無論他人如何，自己絕不半途而廢。

　　查爾斯·施瓦布[23]足智多謀，有著偉大的人格。他從賓夕法尼亞州山區裡一個司機最終升任為世界最大鋼鐵公司的董事長。

　　查爾斯·施瓦布的效仿者們要記住：他從不追求高薪，只是珍惜每一次機會。他在卡內基鋼鐵公司打零工時曾經說過：「如果有機會，我會成為這家公司的總裁。我會讓我的雇主看到我是多麼地渴望得到提拔，多麼地物超所值。」他堅決果斷，意氣風發，彬彬有禮實屬世間罕見，又有誰會質疑他的成功呢？

　　查爾斯·施瓦布的起點並不是很好。他只接受過普通教育，15 歲開始從賓夕法尼亞州開車進入山區運送舞臺設備。兩年後他每週可以賺到 2.5 美元。但他一直在尋找

23　查爾斯·施瓦布（Charles Michael Schwab, 1862-1939），美國鋼鐵業巨頭，在他的領導下，伯利恆鋼鐵公司成為當時美國的第二大鋼鐵製造企業。

機會，不久，機會來了。卡內基鋼鐵廠的工程師們需要找人來運輸鋼筋，每天薪資為 1 美元。施瓦布抓住了這次機會。不久後，他成了一名工程師，直至總工程師。他 30 歲開始管理兩家公司，39 歲成為美國鋼鐵公司的總裁，1903 年，查爾斯·施瓦布從美國鋼鐵公司辭職，自己創業伯利恆鋼鐵公司，後來成為美國第二大的鋼鐵廠，並在第一次世界大戰的時候，靠著軍火訂單而壯大

　　當他混跡於打零工的隊伍時，他堅信自己不該停留於此。他天生就該是個領導者。他絲毫不贊同大公司是年輕人的墳墓的說法。只要果斷、刻苦、堅持不懈，他就一定會有所建樹。他的人生閱歷極具吸引力同時又很值得效仿，深刻地詮釋了奮鬥的價值。他工作起來樂觀而又乾淨俐落，因此總是有更好的機會垂青於他。他在事業上沒有「三級跳」，每一步都是順理成章、眾望所歸。

　　通常，「與眾不同」、「不安於職守」的員工反而會得到迅速的晉升，甚至會超過他們的前輩。他們用十二分的努力、十二分的速度、十二分的熱情加上十二分的智慧和獨創性最終贏得上司的青睞。

　　雇主們清楚周圍發生的一切，密切關注著手下人的一舉一動。他們知道誰在偷懶，誰在盼望著下班，誰在時間

上偷工減料，誰又在遲到早退。換句話說，他們一直都在堅守職位地對員工進行宏觀管理。

忠誠與可靠總是會得到賞識，忠奸與否也很快會被辨別清楚。不管是否親眼所見，雇主們單憑直覺就能斷定哪個人在偷懶。出於本能我們不會相信一名慣犯，哪怕他從未欺騙過我們。第六感告訴我們他們很不可靠。同樣，雇主們也在觀察著自己的員工。他知道誰會一有機會就偷懶，誰是上司在與不在時兩種樣子的不可靠之徒。不怠忽職守、盡職盡責的員工才會受到重用。若想得到晉升的關鍵是要表現得絕對可靠。雇主們不會留他不信任的人在身邊，他要保證無論他在與不在工作都可以照常進行。最好是他的手下在他不在時會更加地忠心。

能夠連連高升的員工會總是想上司所想，竭力地去輔助他，減輕其工作負擔，執行其工作計畫。

獲得晉升的關鍵在於忠誠、可靠、想上司所想再加上百分百的勤奮。

如果你想連升三級，步步高升，就不要坐著待命。要急上司之所急，施展聰明才智為其披荊斬棘。坐著待命永遠不會前進，果斷出擊的人才能大展宏圖。

坐著待命會麻痺人的神經，使人失去個性和創造力。

不要誤認為盡職盡責就是一味地模仿、沿用上級的方法。別出心裁才會引人注目。

需要完成的事情要格外地留神。你可能會認為上司不在時做了也是白做，殊不知，下屬的一言一行都會傳到上司的耳朵裡。

有些年輕人不捨得辛苦付出，屬於「分秒計較」的人，整日看錶唯恐多做一絲一毫分外之事。因為自己「沒拿那份錢」，雇主的事他從不考慮，更沒有什麼改善工作的提議。他為人吝嗇，總是說同事們「多管閒事」、增加工作量愚蠢之極。這種人縱使才華橫溢、學識淵博也將永無出頭之日。

明哲保身的人是不會得到晉升的。許多職場不順的年輕人如果得知雇主是因為自己太自私才冷落他時一定會大吃一驚。寬容、善意、樂於付出、不羨慕、不嫉妒，這些品格連同個人能力極其為雇主所看重。

我們經常看到大材小用的情況並且不明就裡。有的年輕人才華橫溢，師出名門，怎麼看都比他的上司高明很多。但是一些陋習或者小毛病讓他無法翻身。年輕人不曉得一條鎖鏈結實與否不是取決於它最強的一環而是最弱的一環。我們總是津津有味地談論著自身的長處，閉口不談自己的短處，也不會總想著自己的不足。日久天長，弱者

更弱，最終整條鏈條斷開。有時一點點似乎無足輕重的缺點，比如說不夠精準，就可以使許多年輕人處處受困。因為你無法指望他會做對每件事情。他的工作總是要別人來「檢查」。他十分不可靠，總是敷衍了事。有多少記帳員僅僅是因為工作不夠精準，就只能忍受微薄的薪水和惡劣的環境。沒人信得過他們的資料，僅此瑕疵他在銀行或者其他的大公司就毫無價值而言。也許他多才多藝，受過良好的教育，但僅此一點就抹殺了一切，使他永無出頭之日。年輕人經常會因為報酬低廉就不將工作做得盡善盡美。他們不曉得這種漫不經心，粗心大意的工作作風會演變為漫不經心、粗心大意的性格。而命運又會受困於這種性格，潦草行事的惡習終將有損於心智。

潦草行事的人很快會使他人對其失去信心。他們得不到信任。人們通常會把拙劣的工作和拙劣的心智甚至是品性聯想在一起。喬治·艾略特[24]在《米德爾馬契》中呈現了一幅生活畫卷。故事中文斯先生由於聽信了偽教徒姐夫的話開始使用劣質染料，結果他最有名的絲綢都爛掉了，最後逐步地到了破產的地步。而在艾略特另一部小說《亞當·彼得》中，亞當·彼得認真地對待每一個釘子、每一塊木

---

24 喬治·艾略特 (George Eliot, 1819-1880)，英國小說家瑪麗·安妮·艾凡斯的筆名，代表作：《亞當·柏德》、《佛羅斯河畔上的磨坊》、《米德爾馬契》、《掀開面紗》等。

板，人們爭先高薪聘請他，他主宰了自己的命運。

不朽作品的作者們工作起來總是追求盡善盡美。雅典帕德嫩神廟的雕塑家們將那件舉世無雙的雕塑作品的上部做得和下部一樣完美，因為雅典娜女神會看到那一面。一名老雕刻家受到質疑，人們認為他對於雕像的背部太過於挑剔，這部分根本不可能有人會看到，他說：「天上的諸神會看到。」

在古老的時代，工匠們精雕細琢，每一處細微和隱蔽之處，只因舉頭三尺有神明。

潦草做事會造就潦草之人。不全力以赴去做事收穫的只是墮落的人格。沒有人會信任做事草率的人。銀行不會要他的票據。也沒有人會把財產交給他託管。董事會、託管員和重要的委員會都沒他的位置。實際上，他在哪個地方都不會被重用的。

看一下做事潦草的女人家裡是什麼樣的吧！看一下她的孩子們是如何受到薰陶的。邋遢、困惑、紊亂在家中隨處可見。這個家庭的孩子會把這種影響傳播得更遠。家族的惡習毀掉了他們的工作、性格、成績和幸福。

潦草行事很快會敗壞一個人的品格。思想會很快地習慣低俗的目標，良知一點一點地開始喪失。

如果對罪犯、流浪漢、失業大軍和邊緣人群的性格加以分析，我們不難發現他們中的大多數早已習慣了敷衍了事。除非有其他更嚴重的缺陷，一個做事追求盡善盡美的人是不可能失業的。事實上，雖然失業的人口無數，但幾乎每個大公司都求賢若渴，到處尋找好的職員、好的會計、好的管理人員。

　　當雇主想提拔員工時，他會找那些做事乾淨俐落的人。他不喜歡隨便邋遢的工作方式。他需要做事有條不紊，肯吃苦耐勞的手下。

　　如果去問全國的雇主們是什麼阻礙了年輕人被提拔，他們大多數人會說「潦草行事的習慣」。

　　這是一個潦草的年代。「不盡如人意」、「敷衍了事」、「馬馬虎虎」在現代生活中隨處可見。大樓尚未完工就倒塌，衣服還沒穿舊就因為低劣的車工而壞掉。無論是商場還是職場上，此類敷衍了事的情況隨處可見。

　　沒有把握的人做事遲疑、猶豫。他注定在這個世上少有建樹。做事準確無誤、吃苦耐勞的人會獲取更多的成功。一個小男孩學業平平，同時又邋遢成性，做事缺乏條理，三心二意，那他注定成為生活中的失敗者。他總是不滿足，但又不清楚所需要的是什麼。他不了解自身的處境

而總是出錯，連自己都搞不清楚自己是不是邋遢潦草。他工作總是慢半拍，他的工作受到質疑，沒有了信用。他一輩子總是不斷地出差錯。他不僅自身失敗，還帶壞了身邊的人和事。他的員工變得和他一樣做事潦草，認為凡事計較沒有意義，因為老闆自己都是如此。他們粗心大意，錯誤頻頻，怠忽職守。整個公司上梁不正下梁歪，最終只能關門倒閉。他甚至仍是不知道自己錯在哪裡，只能一味地感嘆運氣不佳。

我希望年輕人能謹記做事要有始有終，凡事一視同仁。有此習慣的人才會內心寧靜、良心安寧，竭盡所能者才會問心無愧。潦草行事的人不曉得一味求快毀掉的不僅僅是工作還有生活。

如果我只能給那些力求上進的人們一條建議，那便是「追求卓越」。當以此勉勵自己時你會發現自己的心智與個性獲得驚人的提升。沒有什麼比不斷地追求卓越、有始有終更能培養堅強的個性和上乘的本領。只是做得「不錯」是不夠的，事事要力求盡善盡美。「這樣已經很不錯了」的態度就像一塊搖擺的基石會導致人生的大廈轟然倒塌。年輕時做事不徹底，失敗便會接踵而至。銳意進取、堅持理想才會天天向上，日臻完美。

每天晚上躺到床上時回憶自己白天時沒有敷衍，所做

之事都力求完美，這著實令人振奮。做事徹底、認真非常有助於強化品格，充分地發揮能力，並且使得我們能夠勝任更好、更高的職位。我建議步入社會的年輕人將「善始善終」作為自己的座右銘。若能儘早開始，將來必將收獲成功，而不是遭遇失敗。

人們嘲笑史特拉第瓦里[25] 做一把小提琴要花上數個月的時間。人們認為他是在浪費時間。但是今天在世界各地，一把史特拉第瓦里琴要賣到 5,000 到 10,000 美元（編按：此指作者寫書年代，現今已達 15.9 百萬美元），換句話說它比等重的黃金還要貴好幾倍。不朽的作品一定要傾注最勤勉、最細緻的製作工藝。

凡事都力求盡善盡美不僅是晉升的最快捷徑，也會對人們的性格和自尊產生強烈的影響。僅僅是為了自尊我們也不應該做事敷衍、草率。這個世界需要的是最佳狀態的你。年輕時就應該做到凡事竭盡所能，將最有智慧的思想、最完美的工作成果、最充沛的體力發揮得淋漓盡致。無論他人如何，自己絕不能半途而廢。人生如此可貴，豈能容我們錯誤百出。

---

25 安東尼奧·史特拉第瓦里（Antonio Stradivari, 1644-1737），義大利克雷莫納的絃樂器（包括小提琴、中提琴、大提琴、吉他及豎琴等）製造師，被認為是歷史上最偉大的絃樂器製造師之一，他的拉丁語姓氏「Stradivarius」及其縮寫「Strad」經常被用於談及他所製造的樂器。

第二十章　懦夫

膽小怕事，優柔寡斷者在這個競爭的世界根本無處立足。當今的成功者必須英勇善戰，勇於冒險。磨練人們性格和毅力的最好的方式就是擔當責任、積極爭改正自己的不足。

每個人在世上都有各自的價值。自信者被他人所信賴，但是對於懦弱者情況卻大相徑庭。懦弱者遲疑，不相信自己的判斷，事事求助於他人，害怕單獨行動。

能獲取他人信任者要天性樂觀、善於隨機應變、凡事志在必得。他勇敢，自立，得到了大家的信任。

通常成大業者英勇、進取、自信。他們不甘於平庸，特立獨行。他們是想當將軍的士兵。

膽小怕事，優柔寡斷者在這個競爭的世界根本無處立足。當今的成功者必須英勇善戰，勇於冒險。

膽小、不自信、沒有主張、優柔寡斷的年輕人是無法奢望成功的。

當然，自信的人才會為他人所信賴。他們躊躇滿志、樂觀積極、隨機應變、深受信任。

愛默生說：「上天賦予每個人能力，讓他去完成別人無

法完成的偉業。」現代的生活很容易使人失去個性。但是每個人都有責任保護和開發其個性。不能讓教育，職業和周圍的環境剝奪自己獨一無二的個性。性格和個性是人的一部分，每個人都有責任保護。

遺憾的是人們大多滿足於隨聲附和、人云亦云。世界上沒有任何兩個人是相同的，每個人都是不可取代的。企圖逆轉天意，改變天性毫無用處，甚至會造成災難性的後果。做一名創意百出的鞋匠也好過做一名千篇一律的政客。無論做什麼一定要做自己，做原創的自己。不可一味地模仿，做他人糟糕的仿效者。

成事者，志在必得，那些躊躇滿志、立志要揚名於世者從不左顧右盼。他不依賴他人的意見，也不期待別人在前衝鋒。他有自己的計畫，自己的想法，他清楚努力的方向，遵守自己的遊戲規則。縱有險阻也不抱怨。對於困難欣然接受，既不置之不理也不繞道而行。他無怨無尤，一往無前。他精力充沛，意志堅強，戰無不勝。想要擺脫平庸，特立獨行需要勇氣和創造力。

人類天生高傲，需要成功如同魚兒需要水一樣順理成章。滿腹狐疑、惶恐終日不是上天造人的初衷。

奴性與寄生也非人之常態。正常人的一言一行間充滿

了力量，目光堅定、氣定神閒，往往能夠不戰而勝。

我們應該成為環境的主人而不是受其奴役。將影響成功和幸福的卑微、病態的想法一掃而空吧！堅信自己的能力。你的自信將賦予你力量。

有計畫、有使命感、率性而為者會成為這個世界的寵兒。

磨練人們性格和毅力的最好方式就是擔當責任，能夠改正自己的不足。如果你缺乏勇氣、膽量、耐力和決心，那就要積極地爭取，因為這是上天賦予我們的權利。你有權擁有這一切而最終這些也會屬於你。這樣你就提高了成功的機率。

樂觀積極的林肯、華盛頓和格蘭特最終創造了偉業。具有樂觀的天性和領導才能的人往往良機無數。這樣的人英勇、無畏，其巨大的自信來自於對自身力量的認可。

如果你認為自己在困難面前必將束手無策，這種想法是在自取滅亡。堅信自身的能力。每遲疑一刻，你就輸了一分。

一旦接受自己的軟弱、不足、無能和狐疑，你就喪失了自信也喪失了成功的可能。

▶▶▶ 第二十章　懦夫

第二十一章　自信

永遠不要打擊自己的自信心。要學會主宰環境，要不斷地激勵自己，不斷地想像成功的輝煌時刻，摒棄所有的消極念頭，這樣你才會堅不可摧，才能目標堅定地奪取最終勝利。

做事成功者面向著目標，堅信自己一定會取得勝利。

許多人在吃了一連串的敗仗後心灰意冷，一蹶不振。他們抱怨命運不濟，縱使再奮鬥也是枉然。失敗而不失志者卻可以迅速地從失敗中站立起來。一蹶不振，勇氣喪失的人已經無力回天。他已經鬆開了拳頭，失去了攀爬的機會，那就只能隨風飄落，聽天由命。正如死魚只能隨波逐流，只有活魚才能逆流而上。

縱觀世間失敗的種種例子後我們不難發現，失敗的最大禍因不在失敗而在失志。

任何一種損失也比不上自信的缺失。沒有了自信，一切將無可相依。沒有了脊椎，人將如何傲然挺立呢？

有勇氣、有決心的人是打不垮的。一旦受到壓制，他們會像班揚一樣在被拿來當牛奶瓶塞的滿是皺褶的紙上寫出《天路歷程》；或者即使失去視力也會像彌爾頓一樣寫出

《失樂園》。身處困境卻永不言敗的人會有無數的成就。人的能量不會像水流一樣被封閉起來。自信的人做事果斷，容易得到人們的尊敬和擁護。

在人生的舞臺劇中，扮演自己喜歡的角色。如果你想演一名成功人士，就要內外兼修，學好成功人士的精、氣、神。

目光犀利者只憑舉止神態一眼就能從人群中挑出成功者。如果他是一個領導者，一舉一動皆無不在透露著他的身分，他泰然自若、步履堅定，儼然已經勝卷在握。人生的成功造就了他今天的氣定神閒。

同時，失敗者也是可以一目了然的。他步履沉重、躊躇不決。衣著、舉止、一切的一切都將他的無能展露無疑。每一個動作都表明這是一個沒什麼出息的人。

成功者沒有遲疑，從不消沉，他是一個徹頭徹尾的樂觀者。他獨自站立，不需要支撐物。像希臘神話最偉大的半神英雄、男性的傑出典範海克力斯一樣，看見敵人的同時就已經勝利。

成功者寡言少語，他的沉默中充滿了力量。他厚積薄發，總是留有巨大的後備力量。

而那些一事無成者總讓人覺得已經被逼到了牆角，似

乎已經油盡燈枯，透支著最後一絲的力氣。

自信的力量可以統籌人的所有官能，將全部的力量擰成一股繩索。無論多麼才華橫溢的人一旦缺乏了自信就不可能將全部的才能發揮到極致，他不能統一部署、協調所有的力量，因此無法將全部精力集中到一件事情上來。

若想成功，才能與自信缺一不可；如果你缺乏自信，最好的辦法就是假裝自己很自信來激勵自己。這樣做往往會使別人相信你而且自己也會逐漸地恢復自信。

當門可羅雀，貨架上的滯銷品堆得滿山滿谷時，當職員們無所事事、四處閒逛時，當租金和大筆的帳單都急待結清時，商人們將心急如焚，他的性情和生意都受到了嚴峻的考驗。這時我們更能夠看出他是一個什麼樣的人。如果他暴躁、挑剔，難相處，動輒就因為平時毫不理會的小事發火，把過錯都推給下屬，那麼他還沒有學好人生最重要的一課：處亂不驚，克己自律。

當陽光普照，生意興隆，一切順利時，要做到愉快、隨和是很容易的；但是當生意慘澹，入不敷出，當困難甚至是災難接踵而至時，仍然能夠開朗、樂觀、面帶微笑就需要莫大的勇氣和金子般的品格。當你在商場上時運不濟而你已無力回天時，當多年積攢的基業就要付之東流時，

哪怕只是在家裡要表現出冷靜與開朗都是巨大的考驗。

但是在這樣的極端困境中，商人們應該表現得冷靜、鎮定。心情平和而充滿希望，意志堅定往往能使人扭轉局面、度過難關，而絲毫的鬱悶、焦慮反將使人陷入絕境。下屬們很快就會察覺到上司的遲疑、焦慮和恐懼。如果上司垂頭喪氣、意志消沉，那麼他的下屬很快會受到感染。隨後，顧客們也將感受到店內不景氣的氣氛轉而走向別處。在人心惶恐、經濟蕭條時期，很多的公司的倒閉都是因為老闆們沒能學好克制，不會隱藏自己對局勢的不安和恐懼。心灰意冷是雄心壯志的頭號殺手，它像瘟疫一樣必須加以消除。

總是抱怨生意差的人是不會成功的。不要總是看到事情糟糕的一面，停止關於市場不景氣和世事艱難的談論吧！我們要說好話而不是壞話。許多商人習慣於不停地抱怨和挑錯誤，而日子對於他們也越來越難。有些人消極悲觀，永遠看不到事情好的一面，這樣一來，他們就不可能生意興隆。成功就像一棵纖弱的小樹，它需要明媚的陽光和不斷的鼓勵。

相信自己一定可以戰勝身邊的困難。要學會主宰環境，不為不良影響所困。凡事要看到好的一面，忘掉壞的一面。

這個世界歡迎陽光、開朗、充滿希望的人；而對那些憂傷、抑鬱，眼中只有失敗和災難的人則棄而不用。因為人們不喜歡烏雲和陰影，永遠心向太陽。同樣的，開朗樂觀、充滿希望的人處處受到青睞；而對於壓抑、沮喪者，人們則唯恐避之不及。

　　成功者要擺出征服者的架勢。自信的人才會得到敬仰。只有心態平衡的人才能獲勝，而不自信者縱使有了機會也是枉然。堅強、進取的人充滿熱情，永遠散發著自信的光芒。

　　生活中的強者自信滿滿，面帶優越之色。他的舉止充滿了力量感。而生活中的那些失敗者和被苦難打垮的人則總是遲疑不決、步履蹣跚、毫無魄力而言。

　　彈簧跳得再高也不能脫離彈簧本體。同樣的，一個人的成績也不會超過他對自己的預估。

　　當你找到了適合自己的位置，當你所有的能力都得到了最大的發揮，那麼任何事物都不該使你放棄你的選擇。縱使困難重重也不要動搖、不要停止。要堅持自己的選擇。工作中總是會有痛苦多於歡樂的時候，此時你更應該證明自己的實力。無論前途多麼渺茫也絕不言敗。面向目標，為自己加油，相信自己一定可以成功。並永遠保持成

功時的狀態，這才是偉大的人格。

永遠不要打擊自己的自信心。不要心生失敗之念。要不斷地鼓勵自己，不斷地想像成功的輝煌時刻，摒棄所有的消極念頭，這樣你才會堅不可摧、目標堅定並且最終奪取勝利。

當自信心動搖時，許多人只好以失敗收場。他們認可了別人對自己的懷疑和擔憂，失去了對自身的信任感，最終沒有了獲勝的信心而一事無成。

出身貧寒、命運不濟反而更能激發一個人的鬥志。要學會蔑視苦難和貧窮，而不會因此而低迷；要相信人定勝天，相信人生來就是環境的主宰而不應受其奴役，這樣你的處境才會得到改善。要認可自己的主宰地位，想像自己充滿了力量，不斷地肯定自身的能力，把成功看成是自己與生俱來的權利，這樣就能磨練意志，充分發揮自身的能力。不然，能力就會被懷疑、恐懼和缺乏自信所削弱。

許多人在一無所有時仍然矢志不渝、充滿自信、堅信自己會成功，最終實現了自己的目標。自信，這是我們與生俱來的彌足珍貴的權利。

第二十二章　天生的征服者

有些人是天生的征服者，無論身處何地都會主宰、駕馭環境。
年輕人要知道不管發生什麼事，都要堅信自己天生就是個勝利
者，任何的艱難險阻也不能剝奪這個權利。

有些人是是天生的勝利者，他們自信滿滿，不懼艱
險，成功是他們與生俱來的權利。他們認為自己理所當然
地應該要主宰環境，認為自己具有宇宙間最偉大的力量。
他們被賦予了無窮的力量，可以擔當任何重任。

這種人樂觀，不遲疑，不杞人憂天，也不心急如焚，
他相信自己的能力，凡事都努力做到盡善盡美。他們成就
世間的偉業，即使有艱難險阻也不躲避。他們親自歷盡艱
難，在任何環境中都得心應手。

有這種特徵的人自信、熱情、精力充沛、有膽有識、
攻無不克。他清楚地知道他所做的一切都是正確的。

如果心懷惡念，縱使是世間最偉大的畫家也無法把聖
母瑪利亞的臉畫好。如果你心懷仇恨、嫉妒、猜忌就永遠
不會受到大家的喜愛；同樣的，如果你總是心懷猶豫，你
就永遠不會成功。

如果所有父母和老師能夠在孩子還小的時候就讓孩子學會相信自己，相信自己具有成功的力量，那麼我們的文明將會被完全改寫。如果你是一名老師，請把成功的理念教給學生。請告訴學生他們都是一顆注定會成功的種子，造物主要每顆種子長成參天大樹，不枝節橫生也不矮小病態。它將成為森林中的參天大樹，為過往的行人或鳥獸遮風擋雨，為房屋或船隻供給木材。告訴孩子們你多麼信任他們，多麼希望他們將來成就一番大事業，告訴他們不要辜負了你的希望。

老師簡單的幾句鼓勵話會永遠激勵著孩子並給予他們向上的力量。戈德史密斯[26]認為他的成功離不開他的老師。當大家都對他絕望透頂，叫他「低能兒」時，只有老師不斷地用言語和行動鼓勵他。最後因為老師的信任，他成為了世界上最有名的詩人之一。無數的人在獲得成功之際都將功勞歸於父母、老師或者朋友們對自己的信任。當周圍充滿了不信任的目光，連自己都幾乎要放棄時，想想那些信任我們的能力、認為我們會成功的人，告訴自己不要讓他們失望，然後就會充滿了力量，奮發向前。

我們也許還沒有意識到自己鼓勵的話語、積極的思

---

26 戈德史密斯（Oliver Goldsmith, 1728-1774），愛爾蘭詩人、作家與醫生。以小說《韋克菲爾德的牧師》，他因為思念兄弟而創作的詩《廢棄的農村》與劇本《屈身求愛》聞名。他同時也被認為創作了經典的童話故事《兩隻小好鞋的故事史》。

想會帶給朋友多大的鼓勵。我們的信任激勵著他們奮發向上。

給予別人最大的幫助不是金錢不是財物，而是伸出溫暖的手，說出鼓勵的話語，露出理解的表情，這些不但會幫助我們的朋友，也會影響我們自身。授人玫瑰手中留香。

據統計，一個人的全部心智大概需要至少 25 年才會發育完全。人就像是一架機器，生來就是要創造佳績的。這臺複雜機器的每一個零件都在見證這個人成功的必然性。在人類體系中到處都有這樣了不起的機器，運用手段，實現目的。

失敗是人生中不正常的狀態。人生最大的悲哀莫過於終日情緒低迷，感嘆命運不佳或技不如人。

成功才是人生的常態，是人們強身健體的「補藥」。有的人突然、意外地獲取了某種成功之後，結果本來常年虛弱的身體居然一下子好了起來。精神會作用於肉體，使得原本糟糕的身體一下子就變得正常、健康、充滿活力。心中憧憬著成功會改善精神的面貌，驅散滿腹疑雲，注入希望和力量，使整個人煥然新生，充滿生機。

人需要運動就如同音樂不能缺少和聲。每一根神經、

每一個腦細胞，每一個器官，每一種感官都是為了創造佳績這個崇高的目的而生的，都是為了實現人來到這個世上的最終目標而生的。失敗不是造物主的本意，人生來是為了成功，人生中出現了失敗就好像是和聲中混雜了不和諧音。

造物主不會創造一個人然後再毀掉他。經過造物主精心的安排、調試和策劃，我們生來就是為了成功。貧窮和悲慘的處境也不是造物主的本意。人生來是為了獲取幸福的。富足與安康是人們與生俱來的權利。

第二十三章　直奔主題

直接了當是屬於成功人士的美德。無論你是否才華橫溢、是否受過良好的教育、是否有影響力或者是否聰明，若想成功必須學會開門見山、直接了當、集中火力、重拳出擊、絕不拖延。

直接了當是屬於成功人士的美德。成功人士不東拉西扯也不會拐彎抹角，而是單刀直入的正中要害。當有事和你商談時，他不會花 15 分鐘先做鋪墊，也不會就芝麻小事發表長篇大論，而是直奔主題。一切都來得乾淨俐落，絕不拖延。

成功的商場和職場人士非常不喜歡有人擅闖他的辦公室，然後開始東家長西家短、不知所云。一會兒問問身體如何，一會兒又問問家人怎麼樣，兜了一個大圈子就是不說正事，最後搞得聽者的身心疲憊，耐心全失。

很多人發現公司裡的大事都沒有自己的份。原因很簡單，老闆已經對他們很不滿了。這種誇誇其談，說話繞來繞去的人在老闆心中就只是虛有其表。

說話直入主題是所有高階行政人員的特點。他們惜時如金，惜字如金。對於大公司的領導人、經理人來說這是必要的素養。

許多人失敗是因為他們不能快速、有效地做出決定。他們不斷地盤算、權衡、兜圈子，結果失去了翻身的機會，等來了滅頂之災。

許多年輕有為的律師也都輸在了說話不夠直接了當之上。美國最高法院法官說這是他們最頭疼的問題。年輕的律師過於在乎法庭上的威嚴，總是長篇大論、滔滔不絕，結果得罪了法官，自毀了前程。法庭上不需要誇誇其談，多才多藝，也不能言之無物，廢話連篇。法官們只想聽到直接、清楚的語言和簡單明瞭的事實真相。

無論你是否才華橫溢，是否受過良好的教育，是否有影響力或者是否聰明，若想成功，必須學會開門見山，直接了當，集中火力，重拳出擊。

許多年輕人師出名門，年輕有為，意氣風發，但是他們整天東不成西不就的，最終還是一事無成。他們有涵養、有知識、有水準卻屢屢讓大家失望。這只能怪他們做事沒有目標，又不肯踏踏實實地專心做好一件事情。

在眾多的候選人中，精明的雇主們總是會挑選那些說話既直接又乾淨俐落，而且簡單明瞭，立場鮮明的人。這種人絕不會滔滔不絕，沒完沒了地談論自己的成就和能力。

沃納梅克的合夥人曾經說過，據他的觀察，造成大多

數年輕人紛紛失敗的最大禍根就在於他們說的太多。他說只有寡言、想得多而說的少、深不可測的人才最有可能成功。

當有人問海軍準將范德比爾特[27]成功的祕訣是什麼時，他回答道：「閉上嘴巴。」

---

27 范德比爾特（Cornelius Vanderbilt, 1794-1877），美國工業家、慈善家。范德比爾特家族的創始人，歷史上最富裕的美國人之一，並捐資創辦了范德比爾特大學。

第二十四章　惜時如金

成功者務必惜時如金，絕不容任何不必要的浪費時間。一寸光陰一寸金，不浪費絲毫的時間是每一個成功者的頭等大事。做事果斷、直接的人可能會得罪一些人，但是他們卻往往成績斐然。

成功者務必惜時如金。一寸光陰一寸金，不浪費絲毫的時間是每一個成功者的頭等大事。

處理事務的人一定要學會判斷來訪者的事情是否重要。一旦事情談完要就快速地結束談話。在辦公時間卻大談特談毫不相干的事情不但會降低辦事效率，浪費老闆的金錢，還會毀了自己的前程。

工作效率高的辦事人員似乎憑直覺就可以斷定來訪者大概要花掉他多少時間。美國前總統羅斯福就是這樣的人。來訪者剛進入辦公室他就馬上熱情地與其握手，似乎是見到久別重逢的好友，但是他臉上的表情卻在明確地告知對方他會公事公辦，不談私交，因為還有許多這樣的「好朋友」正在等他。因此，來訪者也大都有事直說，簡潔明瞭，然後快速地離開。

　　某大公司的總裁總是很熱情地招待來訪者，同時他非常擅長引導對方直入主題。談話一結束他就會起身和對方握手，表示很抱歉會面只能到此為止了。而對方雖然沒有說上幾分鐘，也不是自己主動離開的，但心裡會覺得很舒服，會認為老闆人很客氣。大銀行、保險公司和信託公司的領導者們在這方面都非常地擅長。那些擁有影響力、權利、理解力和執行力的人通常話語都不多，但卻直接、精確，字字有分量。因為時間是他們的資產，絕不容任何不必要的浪費時間。

　　做事果斷、直接的人可能會得罪一些人，但是他們卻往往成績斐然。他們經商時紀律嚴明，一切無關商業的事一律免談。

　　可以使來打交道的對方做事迅速是商人難得的才能，同時也是成功人士的標誌。你要了解時間的價值，珍惜時間。不要讓那些沒頭沒腦、誇誇其談的傢伙占用了你的時間。

　　讓別人快速進入正題的最佳典範應該是約翰·皮爾龐特·摩根。討厭他的人認為這樣做很失禮，但這卻是他的經商之道。他九點半就到辦公室，下午五點鐘才離開。有人曾估計他的每分鐘價值 25 美元。他本人則認為他的時

間比這更有價值。除非你有要事相談，否則他連 5 分鐘都不肯給你。他不會像其他大公司的老闆那樣把自己關在辦公室裡，外面有祕書把守。他坐在一個開放的房間裡，房間裡還有其他的人工作。他就在這裡面運籌帷幄、日理萬機。如果你有正事相商他會熱情歡迎。但如果你在辦公期間無事打擾的話他就會板起臉孔。摩根先生天生就非常善於揣摩人心，知道什麼是他們所需的。他從不拐彎抹角，總是正中要害。他絕不允許有人無事登門拜訪，浪費掉他這個大忙人的寶貴時間。

第二十五章
健康是一切的資本

> 若想成功首先得有一個好的身體，能夠隨時接受生活的挑戰。
> 唯有如此才能夠長久、高效率地工作。充足的睡眠和大量的戶
> 外活動，尤其是在山野田間的活動可以使人神清氣爽、恢復
> 體力。

　　若想成功首先得有一個好的身體，能夠隨時接受生活
的挑戰。就像運動員若想出類拔萃就得不斷地訓練，他必
須為了成功而訓練自己。

　　大學划船隊的隊員為了贏得比賽每年的春天和冬天都
會進行艱苦的訓練。他們嚴格控制自己的飲食和娛樂活
動，只能吃可以強身健體的食物。他們的作息、飲食和訓
練都非常有規律。數月下來他們的體力和耐力都達到了最
大的極限。

　　他們花費數個月的精心訓練、嚴格飲食和規律的作息
到底是為了什麼？是為了在短短 20 分鐘的比賽中堅持下
來。雖然在比賽中的奮力一搏將耗費掉他們大部分的體
力，但是他們成功在握。

　　有的人會問，為了那麼一點點的榮譽有必要數個月都對自己這麼苛刻嗎？為了那不足半小時的比賽就每天鍛鍊，跑步、划船和打沙包值得嗎？

　　但是我相信每一個參加划船比賽的大學生心中一定無數次地設想如果可以重來一次，他們將會更刻苦地訓練，以儲存更大的力量，因為這是獲取榮譽的關鍵。

　　每年我們都會聽到年輕人在抱怨：「這些年來備考、讀書到底有什麼用啊？這些年一直在學數學、科學、歷史、語言或生活中防災知識有什麼用呢？」大多數時候我們認為學習就是為了基本的數學公式、語文的詞彙和世界的歷史、地理、政治、經濟、文化的知識。

　　事實確實如此。但是人生是一場更大的測試，只有能者和受過刻苦訓練的人才有機會得獎。這些年輕人不久後就會感嘆多年的學習和自律是根本不足以讓他們獲勝的。他們寧願當年多花點時間、多投入些精力到學習中，這樣他們才能累積更多的精神和身體的力量來迎接生活中的種種挑戰。

　　成功人生的最大挑戰就是如何將身心所累積的力量發揮到極致。有一些人是愛財如命的守財奴，可是卻大把大把地揮霍著自己的體力和精力。

若想成功就要使自身全部的力量得到最大限度的發揮。然而實際上人們最不吝嗇的就是大把的力氣。他像倒掉水一樣把自己的力量都耗費掉。同時他也不在乎自己的身體 —— 革命的本錢，沒了本錢也就無從獲取成功。

　　人們有太多消耗腦力資源的方式。一生中杞人憂天，憂心忡忡會耗費掉大量的腦力。鉤心鬥角、爾虞我詐更是會對身體產生可怕的影響。

　　人類縱有再大的成就也不會知足，他整天東奔西跑地疲於奔命，最終耗光體力再無回天之力。仔細想想其實他倒不如原地休息整頓、儲存力量、整裝待發。人們整天為了滿腹的「理想」而奔波，到頭來卻是白白消耗了自己的精力。不僅如此，他還超負荷工作，亂吃亂喝不鍛鍊，最終搞垮了自己的身體，不是罹患神經衰弱就是就染上了其他的疾病。這樣一來可能要賠上幾年的寶貴時光才能恢復健康。

　　整天馬不停蹄的工作其實是很愚蠢的，終日的疲勞會傷害大腦，連身體的器官也會抗議，人的判斷力被削弱，最後整個人都沒了精神。累得頭昏腦漲，整架身體的機器都失靈了，這樣的工作法又有什麼好處呢？疲憊不堪的大腦和神經只會令人們江郎才盡，油盡燈枯。

有頭腦的商人絕不會想要把錢透支到只剩下最後一分，因為這會徹底毀了他的生意。然而無數的年輕人卻認為他們可以從身體的銀行不斷地透支體力，花光所有的體力的存款，然後仍然可以獲得成功。

如果年輕人不管好自己的身體、不儲存能量、不去避免做那些有損身心的事情，那麼縱有天大的抱負和鋼鐵般的意志也無力回天，也難改失敗的厄運。

我經常看到一些盡顯老態的人，他們其實才 30 歲出頭。他們剛開始創業時才思敏捷、才華橫溢、體格健碩。事實上這些都是年輕人步入社會時所擁有的最大的資本。但是還未到中年他就已經累垮了，在精神、肉體和道德上統統崩壞。

有個年輕人，我第一次見到他時是一個大有前途的人。他有著超強的能力、充沛的體力和積極向上的人生哲學。但是不久後我就發現他的體力在衰弱，智力也在流失。整個人被一種無形的力量蠶食著，他漸漸地失去了工作的能力，失去了自信和自尊，從他身上只能依稀地看到從前的影子。

沒了自信的他再也難以取信於人。他步步走下坡，這個曾經前途無限的人最後落魄收場，沒有了一絲以前的影

子。這時他才年僅 30 歲，但沒有魄力、沒有腦力、體力盡失。酗酒、與狐群狗黨鬼混毀了他的前程，令他人未老心先老。

如果你到處找碴、挑人毛病，動不動就發火或者憂鬱，如果你覺得處處不順，那麼可以肯定的是你自身出現了問題，你的能量在流失，精力也處於低谷。

馬上找到問題的源頭。也許是你的抽煙過度了，過度抽菸會急劇消耗人的能力。也許是因為你晚間流連酒吧，白天又要拚命地把沒做的功課或工作補上，睡眠不足會令人反應遲鈍。

如果你從早上起床就心情不佳，一整天都怒氣衝天的，那麼毫無疑問是你的身體系統出現了問題。可能只是因為你過於擔心公司、家庭或者其他什麼事情所以精神上出現了些障礙。但無論是什麼原因一定要找到根源，消除隱患，否則就只能聽任其毀掉你的整個生活。

如果神經系統出現了問題，你將無法做好工作。如果神經系統總是得不到養分，總是受到體力和腦力的過度消耗的拖累，那麼你的整架身體的機器就會出故障。

機器出現了故障就不能製造出好的產品。如果機器運轉不動了，那麼你越是使用對它的損耗就越大，日後能夠

修補的可能性就越小。

人們只知道努工作，卻很少有人知道在超負荷的情況下工作會對身體造成怎樣的傷害。好的工程師知道一臺精密的儀器在沒有潤滑油的情況下是不能運行的。一旦油用盡了，軸承就會摩擦、發熱，機器就不能正常運轉。而不斷的磨損會很快地毀掉整臺機器。

但是有許多頭腦聰明的人，他們手中操縱著造物主精心製作的世間最精密的機器，精密到哪怕一點點的灰塵和摩擦都會使整臺機器失靈數天或者數週。但這些聰明人從不去打掃機器也不會為機器添加潤滑劑。

我認識一些商場上的人，他們天生的體質並不是很好，但是他們經過系統化的自我訓練，合理飲食和充足的睡眠調理後，最終他們所取得的成績甚至超過了那些比他們頭腦聰明、身體健康很多的人。他們工作時朝氣蓬勃、精力充沛。但是在休息、用餐、鍛鍊時卻不容許有任何的打擾。

作息規律者事業成功。人們進入工作時的狀態就應該像是職業拳擊手進入拳擊場那樣狀態絕佳。

自然法則人人皆要遵守，沒有例外。它不會理會你最近缺乏睡眠、沒有運動或飲食糟糕，它要求你必須時刻處

於最佳狀態。沒有藉口也不聽你的道歉。如果你違背了自然法則就會受到懲罰，就算是總統也不例外。

馬車上的車輪要上好油後人們才能動身出發；只有確定了軸承運轉正常、沒有摩擦現象時人們才會啟動機器；但是對於身體——這個最偉大、最複雜的機器，人們卻往往麻痺大意。機器還沒上好油，還沒有充足的燃料，沒有充足的休息或動力，人們就啟動了機器。沒有了油的滋潤精密的儀器很快就會磨損。人們清楚地知道一旦機器出現了故障不但無法工作，而且容易磨損過度而無法修補。但是卻認為人腦不經過休息、娛樂仍然可以繼續運轉。一整天軸承都是滾燙發熱的，到處都是深深的磨痕，可是人們卻還一門心思地指望機器會造出完美的產品。

晚上，人們在肚子裡塞了一大堆亂七八糟、不易消化的食物，第二天早上又指望這麼精密、複雜的消化系統能夠運轉正常。一旦消化系統無法承受、消極罷工時，人們又會急忙去找醫生，指望著一劑良藥就可以治病痊癒。這麼做無異於把金條交給一個小偷來管理，以為這麼做就可以使他痛改前非、重新做人。

充足的睡眠和大量的戶外活動，尤其是在山野田間的活動是最好的潤滑劑，可以使人神清氣爽，恢復體力。唯

有如此，人們才能夠長久、高效率地工作。

神經學專家認為，許多人自殺都是腦力衰竭的結果。

如果你乖僻易怒，意志消沉，如果你對人生的熱情全無，如果你過往的志向衰退，生活越來越乏味，那麼你就應該好好地睡上一覺，走到田間，走到戶外。在山野田間漫步會驅散人心中的陰霾，令人恢復元氣。

只要活著就該高興，生命本身就是上天的恩賜。每天只要我們活著，還能活蹦亂跳，還能思考能做事，我們就應該心存感激，這也是人生的正常狀態。

第二十六章　善待自己

善待自己的人才能有所成就。我們要鍛鍊並保存體力，開發自身的最大的潛能，好好呵護革命的本錢—身體。人的腦力和體力是如此珍貴，我們應該不遺餘力地多加保留，它們會讓我們在這個世界走得更遠、做得更好。

　　善待自己的人才能有所成就，開發自身的最大的潛能。好好呵護革命的本錢 —— 身體。許多所謂的成功人士最後卻敗給了自己。他們滿腔抱負，工作起來不顧性命，是典型的拚命三郎。他們精心呵護事業，卻過度地透支自我。他們飲食無常，缺乏睡眠和運動。事實上，他們不斷地在消耗自己的體力和腦力，未到中年就已經頭髮花白、神經衰弱、未老先衰。

　　有的人在一生中有五年、十年、或者十五年的時間都作息不規律地過度勞損自己的身體；而有的人卻嚴格遵守養生之道，休養生息。這兩者有著極大的差別。

　　人的腦力和體力是如此珍貴，我們應該不遺餘力地多加保留。它們會讓我們在這個世界走得更遠，做得更好。

　　我們要積攢體力，保存體力。無論是城市還是農村，總能看到男男女女，尤其是男人們，不過只是 30 幾歲就

已經肩膀傾斜、頭髮花白、精神萎靡不振。他們的步履艱難，神情呆滯，再也不可能去成就夢想，更不用說會超過自己的競爭對手了。本來應該是血氣方剛的人卻成了一個乾癟的落魄者。

也有些人可能是為了節約而縮衣節食。他們往往只是胡亂地吃一塊三明治再喝杯牛奶，以為這樣就可以省下時間和金錢。事實上，為了他們的身體著想，他們應該去一家像樣的餐廳，花點時間吃一頓精心烹調、營養豐富的飯菜。在開始工作之前還要再留出足夠的時間來消化、吸收。

為了節約而縮衣節食的這種做法不但沒有節約，反倒是最大的浪費。一個想要成功的人最應該節約的是他成功所需要的體力、腦力和活力。省掉可以賦予身體神奇力量的食物就如同宰殺掉可以下金蛋的雞。

有些人天生聰穎卻業績平淡，原因就在於他們平時忽視健康，沒有為身體提供足夠的動力。

許多人往往由於不擅於照顧自己的健康最終理想破滅，對於自己定下的計畫也心有餘而力不足。

如果某人有一大盆生命之源，但是卻拿個錐子在盆子上到處鑽洞，最後生命之源耗盡，你會不會認為他發瘋了

呢？但是我們當中的很多人卻在做同樣的事情。事業剛起步時我們也有著一大盆的生命之水，但是由於我們的漫不經心，導致盆子上到處都是漏洞，盆中的大部分水都漏了出去。

我們在肆意地揮霍著我們身體的能量，耗損著生命的積蓄，直至最後失去了成功的機會。其實我們體內儲存的大量的力量本來是可以使我們成功的，可是直到失去了它，我們還沒弄清楚為什麼我們就是不能成功。

缺少睡眠、缺少戶外活動、沒吃營養的食物、沒有和朋友傾心的交談，整天拚命地工作。這些都像是我們生命中的漏洞，在一點點地耗盡著我們的生命之源，榨取我們的生命積蓄。而失去了這一切也就失去了成功的本錢。

從人們的體態、步伐我們能看出他們的相關狀況。正如在街上的一群人中我們能很快地認出誰是軍人，雖然我們從不認識他。體型和神態是花多少錢也買不到的。但是，除非是天生畸形的人，否則只要按照一定的規則加以鍛鍊我們也都可以做到像軍人那樣挺拔有精神。舉止粗俗、行動懶散的新兵只需要幾週或幾個月的訓練就會變得舉止得體、身姿挺拔、威風凜凜。

無論是坐著還是站著一定要保持身姿挺拔。挺胸、抬

頭、微收下巴。站立時身體重心落於腳掌而不是腳趾或腳跟。嚴格地按照上面的要求去做，很快你就會改善你的體型和氣質。

保持身姿優雅、挺拔的習慣會影響到一個人整體的健康和他的自尊心。

走路時不要曲腿，重心先稍稍落於腳趾。兩臂自然擺動，但不要過於頻繁，優雅的步伐有點像是在滑行。保持優雅的曲線，避免生硬、唐突的難看動作。優雅是可以後天養成的。

女性比男性優美很大的成分就是因為女性的身體充滿了優雅的曲線。在女模特兒身上是找不到棱角的。

大多數人坐著的時候腰部贅肉橫生。這種現象在未經過訓練的人身上非常普遍。整天慵懶地躺在沙發或椅子上是不可能在站立或走路時有一個好的體態或氣質的。同時，懶散的坐姿很快會毒害到心靈，令人心智遲鈍、得過且過。

人體各個器官間是相通的，一榮俱榮，一損俱損。沒有挺拔坐姿人就不能好好地閱讀、寫作或者思考。人的身心是互相呼應的。

胡亂地躺在床上看書或者懶散地坐在椅子上，這樣的

姿勢很快會影響到人的思考，這樣的狀態根本不可能好好思考。思考時一定要身姿挺拔，衣服寬鬆。在不舒適、不自在的狀態下，人們根本無法進行思考。

如果一個人姿勢彆扭、彎腰駝背，連他的消化系統都會受到影響。這種姿勢不利於血液循環，令心臟負擔過重。當人們的身體扭曲時，心臟就需要額外的能量才能在兩分鐘內將血液運送到全身。

如果一個工程師為了節約潤滑油卻毀掉了整臺機器，你會怎樣看這個人呢？我們會認為他很愚蠢，但是我們當中的許多人卻正做著比這還更愚笨的事情。工程師們損壞的只是沒有生命的機器，而他們節約休息時間，節約娛樂時間，節約的是能使生命長久運轉的生命潤滑油。

第二十六章　善待自己

第二十七章　透支身體

沒有了腦力也就失去了創造力，沒有了創造力也就沒有成功的可能。耗費身體能量的人，無論是體能還是智慧，要不是超負荷工作，不然就是懶惰成性，最終沒有了創造力，一事無成。

　　剛進入社會時我們體力充沛，可以肆意揮霍；但是在不斷地擔心、憂慮和與成功無關的瑣事中，我們漸漸地用盡了大部分的身體的資本。

　　如果我們可以控制我們的腦力，只將腦力用在有用的地方而不是無端消耗、肆意妄為，那麼我們將取得多麼輝煌的成就呀！

　　年輕人對腦力和體力是多麼地揮霍無度，他們對腦力和體力價值的認知是多麼地不足呀！我們總是能夠看到年輕的男女肆意揮霍珍貴的身體能量，似乎體能的供應是源源不斷的，而年輕的泉水永不枯竭。他們將大把的力氣像水一樣地浪費掉。但是當年華逝去，青春不再，他們才開始意識到當年是多麼地魯莽，失去的能量是多麼地珍貴。

　　在許多地方，春天時的水量豐富，可是到了夏天水流就完全枯竭了。在這些地方若想儲存水的唯一的辦法就是建造水壩把春天裡的雨水儲存起來。

　　我們體內的大量的體力和腦力也是在人生的春天時候出現，等到中年時開始枯竭。如果人們能注意保存能量，那麼就不會等到中年的時候才面臨著被解雇的命運了。

　　沒有了腦力也就失去了創造力，沒有了創造力也就沒有成功的可能。耗費身體能量的人，無論是體能還是智慧，要不是超負荷工作，不然就是懶惰成性，最終失去了創造力，一事無成。年輕人似乎覺得為了玩樂少睡點覺沒什麼大不了的。他們終日聲色犬馬，結果犧牲了身體的能量。

　　酗酒的人只圖一時之快卻在自己的人生路上埋下了絆腳石。如果他能早點看出喝酒的害處；如果他能打開大腦看看裡面已經播下了第一顆衰敗的種子；如果他可以用顯微鏡看到他的血管已經開始腐蝕，肌肉的力量開始衰退；總之如果他可以在自己的體力和腦力完全耗盡之前意識到喝酒的害處，他就會因為害怕而改掉壞習慣。

　　身體感官和智力的緊密吻合構成了我們複雜、精緻、敏感的人體，體內任何的磨損都可能造成整體的癱瘓。無論什麼地方有缺陷我們的所作、所寫、所說、所思都會受到牽連。

　　有些人像鐘擺一樣左右搖擺不定，在任何問題上哪怕是自己的人生大事上也從來沒有堅定的立場和獨立的見

解。在搖擺不定中，他的腦力逐漸地耗損，最後再也無力獨自承擔責任，本來可能擁有的一點創造力也不可挽回地丟失了。

脾氣暴躁者在一次次的爆發中漸漸地磨損了神經系統，最後失去了進取之心。

身體與性格中的每一處瑕疵，無論是糟糕的身體、暴躁的脾氣、優柔寡斷、懶惰成性還是一些看似微不足道的小毛病，都會在獲取成功的路上給我們帶來災難性的後果，就如同我們在競走比賽的選手身上添加了無數的重量。

沒有事業心和進取心的年輕人是不會快速進步的。實際上，進取精神是工作的必要條件。誰也不會僱用一個缺乏動力的年輕人。有事業心的老闆會希望他的手下也具有他的這種精神。沒有事業心的老闆會更加迫切地找到一個助手以彌補他自身的不足。有魄力、有幹勁、活力四射的人總是供不應求。然而遊手好閒、眼高手低、不思進取的人永遠都是升遷無望。

許多人為了貪圖舒適而失去了成就夢想的機會。沒有人願意勞其筋骨，餓其體膚，哪怕前面就是光明的前途。他們喜歡不費吹灰之力就能成功。一旦要求他們犧牲舒適和自在時，他們馬上就退縮了。人們為了貪圖安逸，哪怕

只是暫時的安逸，放棄了許多的機會。貪圖享受而良機不再。他們早上貪戀暖呼呼的被窩不願早起，下雨又貪戀辦公室的舒適不願外出。就這樣他們失去了無數的機會。他們做事只是為了享受安逸而承擔不了任何磨難。

貪圖安逸是成功的一大障礙。他們不願吃苦，躲開任何可能的麻煩。今天有許多人領著微薄的薪水就是因為他們不肯吃苦。為了眼下的舒適和安逸他們情願停留在社會的底層也不願付出努力去出人頭地。

成功不是超越、不是做到跟別人不相上下。成功就是要發揮自己的最佳狀態。有一個英國人雙目失明，他但卻成了傑出的音樂家、慈善家和數學家。面對人們讚美的話語他的妻子回答道：「他一點也不聰明，他不過是盡力而為而已。」這句話也道出了成功的真實含義。

無論處境如何都要發揮出自己的最佳狀態。做自己的主人，發揮自身所長。無論周遭有多麼紛擾，無論工作條件多麼惡劣他都可以集中自己的全部力量。他會把苦難踩在腳下，把絆腳石變成墊腳石。即使被災難打倒也會從頭再來、加倍努力。悲傷和苦難可以壓垮他，可是他一定會重新站立起來，再次為了心中的目標奮發圖強。

第二十八章 「吃光花光」

無論薪水有多少，一定不要超支，薪水是開銷的最高額度。為了以後不變得窮困，還要盡量把薪水儲蓄起來。要在人生的春天播下一粒種子才能在秋天的時候期盼收穫。如果種子好的話，秋天就一定會穀物滿倉。

有些年輕人薪水很高可是卻一分錢也沒有存下。等到老的那一天他一點儲蓄也沒有。他們也許可以創造財富，但是卻不能保留財富。

他們把錢都花在了抽菸、看電影和一些無關緊要的事情上。他們人生的第一桶金就這樣失去了。

許多年輕人覺得只有大把地花錢才能快速贏得別人的好感。他們喜歡被人羨慕，人們覺得他們的錢似乎像流水一樣，好像永遠也花不光。哪怕是冬天他們也會給女朋友買大束的價格不菲的玫瑰。給女朋友買奢侈品、高級巧克力，還參加各種娛樂。這些女朋友如果已經習慣了這樣的生活，婚後她們也只會是丈夫進步的障礙而絕非助手。

為了維護在社交圈中的面子，他們非常注重自己的形象。當入不敷出時，他們根本不願意反思自己的錯誤。這時他們很有可能會開始挪用小額的公款，後來隨著開銷的

加大，挪用的款額也越來越大。直到大事不妙了，他們才開始良心發現，擔心這些犯罪行為會帶來的後果，但是一切都太晚了。許多人因此丟掉了性命，許多人從此落魄一生。

最近有一位作家寫到：「我們已經在社交娛樂中迷失了自己，人們關注的只是光鮮的外表，時髦的服裝，大家都在炫耀攀比。這也是當下人們揮霍無度的第一個也是最重要的根源。第二個根源應該是人們不計後果且無休止的物欲。第三個根源是道德感的缺乏。人們不重視道德建設，舉止輕率，這是國民的通病。」

小氣吝嗇和精打細算是兩回事。一個人小氣還是有點希望的，但是奢侈揮霍、揮金如土的人就完全沒有指望。很多人年輕時像奴隸一樣辛苦工作到頭來卻分文皆無，就是因為他不善於節約。

最近有個人寫信給我。他人到中年了但是手裡沒有一分錢，又丟了工作，沒了朋友。這樣的人比比皆是，他們到處求職、借錢，逢人就抱怨自己運氣不佳。他失去工作，捉襟見肘，流落街頭。只能怪他年輕時不懂得存錢的重要性，不懂得積少成多，精打細算。

有很多人連生計都無法維持。因為他們早年時不肯犧牲，不願吃苦受累，一輩子也沒什麼成績。他們永遠不知

道什麼是「將就」，這可是一門大學問。他們不懂得壓制欲望，一心只想玩樂。他們只要有錢就去消費，就算欠下債務也無所謂。這種人的道德渙散，做事缺乏條理，根本不可能成功。他們花起錢來從不精打細算，根本就不可能會有儲蓄。如果要我給這樣的年輕人提一條建議，那就是在錢的問題上一定要精打細算。

無論薪水有多少，一定不要超支，薪水是開銷的最高額度。為了以後不變得窮困，還要盡量把薪水儲蓄起來。對一個正常人來說薪水足以維持生計，這一點是毫無疑問的。不管怎樣，生活中的必需品價格還是相對比較低廉的，即使是收入微薄的年輕人也可以過著體面的生活。生活中開銷大的不是必需品而是奢侈品。抽菸、喝酒、打牌、奢侈品攀比才是使年輕人欠下債務的罪魁禍首。為了口腹之欲，他們出賣了自己的靈魂和肉體。

年輕人追求虛榮，盲目攀比，為了讓朋友們稱讚自己「流行時尚」，他們抵押了自己的未來，就如同以掃[28]出賣了自己的長子權。可是至少以掃得到的是實在的紅豆湯。但年輕人追求的卻只是虛幻之物。無休止的欲望使得他們

---

28 以掃（Esau），根據《聖經·創世紀》的記載，以掃是以撒和利百加所生的長子，身體強壯而多毛，善於打獵，性格直爽，常在野外，更得父親以撒的歡心。其孿生兄弟雅各為人安靜，常在帳篷裡，更受母親利百加的偏愛。以掃因為「一碗紅豆湯」而隨意地將長子的名分「賣」給了雅各（創世紀 25:29-34）。後來雖然為了繼承權兄弟反目，但最終和好。

身陷債務、意志消沉、道德淪喪，最後失去了生命中最珍貴的榮譽、希望、自尊和熱情，墜入了無底深淵。

入不敷出的年輕人不要再自欺欺人了，別相信什麼自己能夠東山再起的鬼話了。指望自己可以在某一天忽然成功，然後將過往的錯誤一筆勾銷，這無異於是在搭建空中樓閣，最終只會被埋在一片廢墟之中。今日努力明日成功，就像春種秋收、月落日出一樣順理成章。不要再自欺欺人，自然法則鐵面無私，你只要做錯了就一定會自食苦果。要在人生的春天播下一粒種子，才能在秋天的時候期盼收穫。如果種子好，秋天就一定會穀物滿倉。記住人生中只有一次的播種機會，這對於你來說既是好事又是壞事。人生也只有一次儲藏的機會，你可以收藏榮譽也可以收藏恥辱，可以收藏成功也可以收藏貧困。

第二十九章　金錢與欲望

想要有錢首先要克制欲望。想做生意的人最好自己手頭能存點錢作為起步資金，即使金額很小也好過背負著沉重的債務。稍微地克制自己，總是比受良心譴責、被上門討債、顏面盡失來得簡單容易。

想要有錢首先要克制欲望。想做生意的人最好自己手頭上能存點錢作為起步資金。即使金額很小也好過於背負著沉重的債務。

人們通常認為吝嗇等同於精打細算。但實際上它們相差十萬八千里。精打細算是指把沒有必要花費的錢省下來，而吝嗇指的是把有必要花費的錢也省下來。

有的人大把大把地花錢，獲得了「好人」的虛名，但同時他卻債臺高築，一旦生病或者被炒魷魚就將成為別人的負擔。這種做法絕無益處，為了自己或者他人散盡錢財，最終老無所依，沒了自尊也無法自立。

拉斯金說：「我們的語言曲解了節約的含義。我們總是認為它跟省錢或者花錢有關。節約既不是省錢也不是花錢，它代表了對金錢的管理。無論是對於時間、金錢或者其他別的事物，我們的開銷或是節約都要獲得最大的收益。」

　　托瑪斯·利普頓爵士[29] 說：「總有人問我成功的祕訣是什麼。我認為就是要隨時隨地節儉。年輕人會有許多朋友，但是最忠誠、最長久、最能夠滿足他們所需、最能夠督促人向上的朋友是一個小本子，上面寫有某家銀行的名字。小有積蓄是成功的首要原則。它會令年輕人自立，有身分、有活力、有幹勁。事實上它會讓年輕人能安享成功帶來的幸福和滿足。如果每個男孩都學會節儉、儲蓄的話，這個世上就會出現許多的成功男士。

　　約翰·雅各·阿斯特[30] 說他存下的第一筆一千美元所花費的力氣比後來的十萬美元還多。但是如果沒有這第一個一千美元，他很可能最後老死在救濟院裡。

　　謹慎的投資就是在累積資金。你的錢越多，那麼錢增長的速度也就越快。

　　許多人不簽書面的合約或協議結果損失了大量的錢。他們做事毫無頭緒，只是理所當然地認為對方會信守承諾。年輕人要養成把所有的協議都書面化的習慣，這對他們以後的成功大有裨益。這樣他們也會同時學會節儉。凡事都進行準確的記錄，很快他們就會在做生意時變得有條理。

29　托瑪斯·利普頓爵士 (Sir Thomas Johnstone Lipton, 1848-1931)，英國實業家、航海家、慈善家。著名「立頓」紅茶品牌創建人。

30　約翰·雅各·阿斯特 (John Jacob Astor, 1763-1848)，德裔美國毛皮業大亨，當時的美國首富，阿斯特家族創始人。

另外，年輕人還要養成隨身帶記事本或者記帳本的習慣，記錄下每一筆開銷，這會在財務上給他們很大的幫助，同時也會限制他們大手大腳的毛病。如果你不把每筆消費記錄下來，想怎麼花就怎麼花，那麼很快就會養成揮霍的壞習慣，到最後你連自己的錢是怎麼沒的都不知道。

通常農村裡的孩子們會比都市裡長大的孩子們節儉，懂得精打細算。也許是因為都市裡面有太多的花錢途徑了。到處都是販賣機、水果攤、糖果攤和各式各樣讓孩子們掏腰包的零食玩具。這些誘惑在農村就不存在。農村的孩子和城市的孩子對待錢幣的態度是不同的。對農村的孩子來說錢幣不僅僅代表金錢還代表著更多的機會。他把口袋裡零錢數來數去，心中憧憬著存到理想金額時他們要做些什麼。從小父母就灌輸給他們存錢的重要性。城市裡的孩子的錢通常來得容易花得也容易。

據說如果小孩不把錢放進錢包裡，大人口袋裡隨身帶著鈔票和零錢，那麼他們花起錢來一定是大手大腳。手一下子就伸進口袋裡把錢掏了出來，甚至都沒有仔細想想錢花得值不值。換句話說，錢包關不緊，錢就會花得很快。

要養成存錢的習慣。如果你離銀行很遠，先不必把錢放進銀行，把錢藏到一個比較隱蔽的地方。

　　富蘭克林說過：「如果你學會支出少於收入，你就已經手握點金石了。」他說：「讓誠實和勤奮伴你左右，永遠比你的收入少花掉一便士；你的錢包很快就會鼓起來，債主也不會上門討債了，你再也不會忍飢挨餓。」

　　一個家庭環境很優越的年輕人要去學印刷。他的爸爸說只要他繼續住在家裡並且每月從他微薄的薪水中拿出些錢來交伙食費就同意他去當學徒。年輕人覺得這樣很苛刻，因為這樣一來他就幾乎沒剩下什麼錢了。然而當他成年後並熟練地掌握了這門手藝時，爸爸對他說：「孩子，這裡是你當年做學徒時交給我的伙食費。我從來都沒有打算留下這筆錢，一直為你留著。我還會再多給你一點錢，這樣你就可以自己做生意了。」年輕人充滿了感激，他明白了爸爸的苦心。他的同學們都養成了胡亂花錢的壞習慣，很多人都身陷貧困、滿腹牢騷，而他卻可以有自己的生意。幾年後他成了全國最富有的印刷商之一。

　　每一代人都重複講述著這個故事，實際上往往是手中有一點儲存的人最後掌握了大量的財富。

　　節儉是一種美德，可是今日的年輕人卻不屑於此，甚至以此為恥。可是上帝就是節儉的模範。他創造奇蹟，用少數的麵包和魚就餵飽了無數的人，他要求門徒們把碎屑

都收集起來，不允許有絲毫的浪費。他其實根本沒有必要這麼做，如果樂意他可以直接變出財富。但是他的言行說明了一個真理，或者說是在教給我們一個真理。他教導人要節儉，就像古訓所說：「勤儉節約，吃穿不缺。」

畢竟稍微地克制自己，削減自己的必需品總是比受到良心譴責、被上門討債、噩夢纏身、顏面盡失、遭人役使簡單容易得多。「窮理查」是個非常勤奮的人，按他的話說：「寧可餓肚子，切莫去借貸。」寧可暫時忍受貧窮帶來的諸多不便，也總好過身陷道德的泥潭無法脫身，最後喪失正直、誠信、榮譽、個性和氣概，本來是人生大海中的一艘巨輪，最後被海浪拍打得只剩下破碎的殘骸。

知足者常樂，但這不適用於債務纏身的人。他只能整日憂心忡忡，消耗體力，喪失鬥志，沒有了事業成功所必需的心態的平和與寧靜。

▶▶▶ 第二十九章　金錢與欲望

第三十章　推銷有術

若想賺錢要懂得推銷之道。懂得推銷才會永遠擁有市場，懂得推銷之術的人絕不會失業，而且人們總是不惜出重金聘用。想成就事業就要有不達目的誓不罷休的魄力，去完成別人眼中不可能完成的任務。

若想賺錢最好的辦法就是要懂得推銷之道。懂得推銷才會永遠擁有市場，懂得推銷之術的人絕不會失業，而且人們總是會不惜出重金聘用。

「推銷術」所指的範圍很廣。鞋店的店員、保險代理人、大銀行家或者是百萬鈔票經手的股票經紀人都可以叫作「推銷員」。他們各自推銷著不同的產品，構成了商品交易中的一分子。

對那些從底層一步步做起的成功商人來說，沒有什麼是不可能做到的。以保險業為例，從培訓做起的好的地方代理人會升為地方經理，地方經理升為區域經理。如果他具有組織才能，很快又會被任命去管理公司的一個部門或者是總部辦公室。他步步高升，工作帶給他的不僅僅是薪水還有許多的附加價值。他善於行銷，逐步建立起自己的客戶群，在自己的圈子裡頗有影響力。甚至連競爭對手都

不惜一切代價要把他挖角過去。不久前有兩家公司對簿公堂，就是因為一個保險代理人從一家公司跳槽到了另一家並帶走了自己的客戶，而他的原公司認為這是不合法的，他們之間是受合約約束的。

人人都要掌握行銷術。首先你要具有以下的品格：禮節、策略、才智、自信、表達能力、誠實守信、豐富的學識，對產品的信心和圓滿收尾的能力。其次，處理手頭的事情要態度誠懇、資訊靈通，還要兼具聰明才智。這些品格加上誠摯和高尚的品德將使你不僅成為成功的推銷員，而且在任何職業上都將所向無敵。

這些品格一般都是後天形成的。一個小男孩如果在課餘時間或假期去學習推銷之術，那他就很快能學到從其他管道根本不可能學到的成功技巧。他和不同的人打交道，努力地去說服他人，最後建立起自信。老闆很快就會注意到他，他的能力會得到進一步的開發。

無數人在求職，同時老闆們也在尋找著能夠「不負眾望，完成任務」的幫手。這個人不會說「如果條件許可，如果一切順利，如果自己不手忙腳亂的話，應該是可以把貨物賣掉的。」老闆們要找的人應該是在任何條件下都能夠不辱使命的人。

有兩個旅行社推銷員，他們在同一縣市賣著同樣的行程。其中一個人的銷售額是另一個人的四到五倍之多。他總是可以找到大筆的訂單。由於表現優越，他的薪水也高出另一個人許多。每一次出門他都是信心滿滿的。而另一個人卻領著微薄的薪水，連工作都只勉強保住了，總是覺得前面困難重重。他每次帶回來的不是訂單而是各式各樣的藉口。他不具備前一個人的披荊斬棘的能力。他不能面對顧客的質疑，也無法說服顧客購買自己的產品。

　　若想成就事業就要有不達目的誓不罷休的魄力，去完成別人眼中不可能完成的任務。

第三十一章　有條不紊

把東西放回原處不會占用很多的時間，甚至可能還能節省時間。有條不紊的習慣會使你的能力得到無限的擴大，在將來也會省下很多的麻煩。做生意不能憑三分鐘的熱度，需要不間斷的勤奮、時刻警惕和極大的耐心。

　　一個經商多年的上了年紀的人破產了。當債主找上門來時看到這位商人正在冥思苦想，試圖找到失敗的原因。他嘴裡不斷地重複著：「神啊！我為什麼會失敗啊？」

　　債主環顧了一下四周，「你的貨物很多啊！」

　　「是的，是有一些。」

　　「你最後一次盤點貨物是什麼時候？」

　　「盤點？把所有的貨物都清點一遍？」

　　「是呀！」

　　「再列出清單嗎？」

　　「是呀！」

　　「再把地板和貨架打掃乾淨？」

　　「就是這樣。」

　　「窗戶和店鋪門前也要打掃？」

「對啊！」

「這我可沒做過。十五年前有一天我剛要這麼做時，附近正好有一場摔跤比賽，我就沒有盤點。神啊！可憐可憐我吧！我到底是為什麼會失敗啊？」

定期盤點庫存，準確地記錄在冊，資產負債表一目了然，這些是在任何地方經商所要具備的必要條件。連自己的處境都不清楚的人是不可能在這個世上立足的。

同樣的，每家公司都應該具有條理性、系統性和前瞻性。

美國個人信用調查協會的主席說過：「我和無數的商人打交道，我認為如果公司的管理者清楚地了解公司狀況並且能準確判斷每筆交易所能帶來的後果，那麼有很大一部分的公司是根本不會破產的。」

在很多公司，貨物橫七豎八地擺放，沒有人整理，工作人員若想找到貨物得花上很長的時間。許多年輕人因為養成了「暫時先這樣」的壞習慣，一輩子的發展都因此受限。東西掉到地上也不理會，「暫時先這樣吧！」衣服隨手到處亂放。腰帶和領帶一會兒放在這裡一會兒放在那裡。要是中間突然有點別的事，就隨手就把手裡的東西放下，以為可以等以後有時間再收拾。等他們長大成人時，他們

就已經養成了隨手放置東西的習慣,「暫時先這樣吧!」這樣的藉口會使他們一生都雜亂無章,毫無頭緒。

先把東西放回原處是不會占用很多時間的,甚至可能還能節省時間。如果你不這麼做的話,很可能以後也不會再想起要把東西放回去。把東西放回原處或者是該做什麼的時候就做什麼,這樣可能會造成一些不便,但是這種有條不紊的習慣會使你的能力得到無限的擴大,在將來也會省下很多的麻煩。

很多人弄不懂自己為什麼不成功,而他們的桌子就可以揭示一切,透露出他們能力受限的根源。亂放的紙張、只寫了一半的信件、亂七八糟的抽屜、布滿灰塵的書架和一堆一堆報紙、信件、手稿、空信封。這一切都在說明著問題。

如果我要僱用一個人,不需誰來推薦,我只要看看他用過的桌子、房間、櫃檯或書本就可以了。我們周遭都是洩密者,無論人們如何加以掩飾,我們都可以找到些蛛絲馬跡。言談舉止、衣著神態,甚至是眼神、衣領、袖口都在向世人透露著我們的一切資訊。如果你不知道自己為什麼不能飛黃騰達,那就看看身邊的這些信號吧!它們會告訴你為什麼你會深陷貧困、發展受限以及職位低微的處境。

做生意不能只憑三分鐘的熱度。今天高興就幹勁十足，明天當熱情退去時整個人就又變得懶散、粗心、提不起精神。做事忽冷忽熱是難成大業的，成功需要不間斷的勤奮、時刻警惕和極大的耐心。

第三十二章
我能自己創業嗎？

人生最好的課堂是在這個世界上不斷地摸爬滾打。一方面，年輕人在動手做事前一定要計算好成本和成功的機率。另一方面，年輕人要抓住一切機會發展自身潛力，有些人到了自己創業時，才華才得以發揮，個人也得以成長。

百萬富翁們很樂於建議手中小有儲存的年輕人自己去創業。百萬富翁們隨口一說，但是這樣做真的是對的嗎？

這個世界高度壟斷，弱肉強食，大魚吃小魚。富人更富，窮人則更窮。當年輕人拿著自己微薄的血汗錢要自立門戶時一定要非常謹慎。

管理能力和堅強的意志、精力、動力，這些能使人生意成功並且站得住腳的本領不是每個年輕人都具備的。

看著那些獨自創業的人到頭來四處碰壁，有些人還寧願去幫別人工作賺取薪水。經營者可能會失敗、受挫、遭遇險境和磨難，但是領薪水的人就沒有這麼一種擔心。

許多賺薪水的人在都市裡有著自己體面的工作。他們在都市裡和鄉村都有自己的房子。他們有遊艇，有汽車，

日子過得比許多的大公司的老闆都要愜意。

現在可不是獨自創業的好時機。各行各業都開始集中化。小本經營者遭到了致命的打擊。似乎各個行業最後都會被大公司吞併，小公司只好歸於沉寂。以大百貨公司為例，人們的生活所需在這裡幾乎應有盡有。

以美國的藥局和書店為例。它們只是百貨公司內部不同的專櫃。而且由於它們不是專門出售圖書的，所以沒有必要像圖書經銷商那樣要顧及種類的齊全。它們只是挑選一些暢銷書目販售。同時，它們只是一個專櫃，不是一個既要有老闆又要有店員的公司，所以它們能以低於普通圖書銷售商的價格出售圖書。普通的圖書經銷商們不得不保持圖書的種類齊全，因此會採購一些無人問津、最後還極有可能賠本的書籍。換句話說，百貨公司的圖書專櫃無須造價不菲的店面，只需要很少的租金，再加上一個人來管理就行了，藥局和其他的專櫃也是如此。大城市中的許多個人經營的小商店最終都被這些大店鋪吞沒了。

多年前，紐約有個商人專門銷售英國產的丹特牌手套，他的生意逐漸有了一定的規模。這時紐約一家更大的公司其老闆買下了丹特工廠生產的所有手套，把這個商人徹底打垮了。大城市裡每天都發生著這樣的事情，大公司吞併小公司已經成為一種趨勢。

因此，我並不急於推薦年輕人在集中化非常明顯的行業裡自己創業。

今日，各種廣告鋪天蓋地，不出家門就可以了解各種商品。大公司每天花在廣告上的錢比年輕人的全部身家還多。百貨公司花大錢請人裝飾櫥窗，竭盡全力地去吸引顧客。店內設有畫廊，等候區甚至還有音樂家表演。那些只有不到三分之一桶金就想在大城市裡創業的年輕人，在大公司的鼻子底下，又有什麼成功的機會呢？

年輕人在動手做事前一定要計算好成本和成功的機率。如果你想做個商人就要向百貨公司學習，跟百貨的主管人員交流，因為這個人以後很可能會令你破產。眾所周知，大公司經常會僱用一些創業失敗，在激烈的競爭中敗下陣來的人。

我絕不是要那些想自主創業的年輕人打退堂鼓。相反的，我鼓勵年輕人在風險不是很多的情況下自主創業。但是如果我不把路途中的那些令無數人無功而返的岩石和險灘指出來，就是我的不對了。

另一方面，年輕人要抓住一切機會發展自己的潛力。通常，勇於闖蕩的年輕人比起那些上班族更加意志堅強、精力充沛以及獨立自主。想獨立創業，你要有廣闊的心胸

和視野。要掙扎著勉強維持收支，不斷地磨練意志來應對挑戰，並時刻提防著別讓公司突然倒閉，盡力地讓頭露出水面，保持警覺、堅定，一絲一毫不能偏離軌跡，進貨挑品要準確，不能撒謊欺騙，甚至有時還要虧本倒貼——這一切都是在磨練著人們的意志。

經營是最好的老師，它教會你深謀遠慮，自給自足。當年輕人自己經營時，他不能依賴任何人。沒有了拐杖，他必須挺直腰桿、自立自足，否則就會重新淪落到以前的附屬地位。

一直都為別人工作通常會泯滅一個人的天性。他們的發展受限，無法全部發揮自己的能力。只有在自由的狀態下，人的生命才會完全綻放。行動自由、思想自由、表達自由，唯有如此人才會最大限度地成長。

通常為別人工作時，除非這個人是特殊材料製成的，不然他只會使出一部分的力氣。他不必學習、思考和規劃如何進行經營管理。一旦下了班，他想都不再想公司裡的事，也沒有了任何責任。公司財務狀況跟他的關係也不大。這個人負責統籌規劃的能力被擱置不用了。他不必隨時保持警惕，抓住一切機會；他的創造力和執行力都沒有得到發展，整個人都是沒有進步的。

我建議年輕人自主創業不是因為可以聚集大量的財富，而是這麼做非常有利於他們自身的發展。有些人為別人工作了數年，他們的能力和自身的成長都是停滯不前的，但是當他們自己創業時，才華能夠得以發揮，個人也得以成長。

　　通常年輕人的創業資金非常少。他們只有靠自己的判斷力、執行力和預測力。每一根神經都繃得緊緊的。他們只能人盡其才，物盡其用，追求利益的最大化。

　　事實上，人生最好的課堂就是在這個世界上不斷地摸爬滾打。任何一所大學都無法與之相比。社會課堂使人能力得以發揮、性格得以形成。

　　小本經營的年輕人有很多的優勢。他們資金不足所以會對機會更加地警覺，尋找一切機會來改善自身條件，最大限度地利用手中的資金，不造成丁點兒的浪費。他們有精力、有動力、有決心，可以衝鋒陷陣，戰勝任何困難，讓手中的每一分錢都發揮最大的作用。這些錢在百萬富翁手中就絕對沒有這樣的價值。

　　獨自經營的年輕人們每一分錢都物盡其用。當戰場上的士兵手上只剩下一發子彈時，他就必須仔細地瞄準，讓其擊中目標。年輕人的每一分錢也是如此。

　　自強的年輕人也會得到大家的幫助。人們敬佩他們的努力，樂於和他做生意，還會幫他做宣傳，介紹自己的朋友來消費。如果年輕人具有成功的潛能，善於為自己做宣傳，有著迷人的個性，同時又可以目光準確、精打細算、誠實經營、努力勤奮、選對上好地段開店的話，他就非常有可能會成功，哪怕前路困難重重，哪怕手中只有微薄的資金。

第三十三章　負債經營

如果年輕人用借來的錢作為自己的創業資金，他們成功的機率會非常低。在經營過程中難免會產生借貸，可能是借出也可能是借入，這種借貸形式也許對社會的發展是有益處的，但是還是要加以限制。

也許你會說如果可以借到錢的話，你就可以用它來賺錢。但是，情況也可能恰好相反：即使你真的借到了錢，你的生意也根本沒有取得成功。如果年輕人用借來的錢作為自己的創業資金，他們成功的機率會非常低。事實上也沒有人會相信這些初出茅廬的新手們，不會願意拿自己的錢去冒險支持他們。如果你已經開始經營並且展露出了成功的潛能，現在只是需要借錢來擴大規模，那就是另外一回事了。當你的能力得到了證實，有了一定的信用基礎，人們才會放心地借錢給你。

假如你想向人家借錢，對方首先要了解你在選人、用人方面的能力。在商場上是否會成功，取決於你是否會看人，能否選擇良將為你效勞。雖然誠實厚道也是成功的基礎，但是卻遠遠不夠。這世上有許多老實人，他們寧願砍斷手也不會偷人錢物，但是在管理方面他們卻絲毫沒有才能。

剛起步時規模可以稍微小一些。當你展現出自己的才華和能力，將生意經營管理得有聲有色，覺得有必要擴大規模時，你根本就不用愁沒人借錢給你。

比徹[31]建議他的兒子說：「躲債如躲鬼。」需牢記一定不要因為個人的開銷而向別人開口借錢。

《窮理查年鑑》用簡練的話語總結道：「向人借債，自尋煩惱。」無數的實例可以證明其中的道理。當然這一點不適用於那些出於自身以外的原因不得已而欠債的人們。難以預測的災難或者是謹慎經營、大有前途的生意突然失敗，經常會使許多勤勉、審慎的人們陷入危機。這些人非常害怕欠下債務，但是現在除了借錢別無出路。對於這樣的人根本就不用警告他們一定不要超支或者不要入不敷出。他們必將遵循資深牧師科頓‧馬瑟[32]教誨：「以烏龜的速度借錢，以雄鷹的速度還債。」

在經營過程中難免會產生借貸，可能是借出也可能是借入。這種借貸形式也許對社會的發展是有益處的，但是還是要加以限制。

年輕人一步入社會都想馬上施展才華，成就滿腔的抱

---

31 亨利‧沃德‧比徹 (Henry Ward Beecher, 1813-1887)，美國公理會牧師、社會改革家、演說家、政治家，廢奴運動支持者。

32 科頓‧馬瑟 (Cotton Mather, 1663-1728)，美國多產作家、清教徒牧師。

負。但不管怎樣一定不要欠債，債務會像討厭的病毒一樣蔓延。如果想實現自己的理想，達到自己所期待的高度就必須牢記：不欠任何人任何東西。

荒唐的債務讓人顏面無存，身心俱疲。無數的有志青年因此斷送了前程。這些人本來可以成績斐然、受人愛戴，結果卻為了滿足自己的虛榮心，縱容小惡習弄得債務纏身。借錢給他們的朋友雖是出於好心卻也是欠缺考慮的。雖然一開始只是借一點點的錢，可是卻打開一個缺口，渾然不知自己已經向墮落的深淵邁出了第一步。

羅伯特‧路易斯‧史蒂文森[33]一生身體力行，他所提倡的完美生活就是要量入為出，遠離債務。他說「人要誠實要善良，可以賺得很少但開銷卻要更少。使家人因我而感幸福，要懂得捨棄，擇友要寧缺毋濫，做人要剛柔相濟。」

無債一身輕的生活才是完美的。紐維爾[34]說：「支出少於收入可以讓人自給自足，提防債務的風險和侵蝕。我們這個時代的人們要加倍小心，需要比以往任何時候更需要回歸簡單的生活並遵循『窮理查』的信念：『量入為出。』」

---

33 羅伯特‧路易斯‧史蒂文森 (Robert Louis Stevenson, 1850-1894)，英國小說家、詩人。代表作：《金銀島》、《化身博士》、《綁架》等。

34 紐維爾 (Newell Dwight Hillis, 1858-1929)，美國作家、哲學家、牧師。

　　如果年輕人可以看到自己的未來，看見布滿荊棘的道路上所走的每一步，他們就再也不會欠債。如果他們看到了自己是如何的道德敗落，開始撒謊、推諉、找藉口、躲債、欺騙，從為滿足奢侈之欲而開始的小額借款，到後來的債臺高築；如果他們可以看到魔鬼如何嘲笑自己這般愚蠢地使自己債務纏身且無力擺脫，看到魔鬼咧嘴微笑而欠債的人卻終日寢食難安，他們一定會驚恐不已，轉而回心轉意。他們將寧願忍受任何的貧窮和苦難，也不願成為債務的階下囚。

　　債務是世上最惡毒的詛咒。只有深受其害，經歷了難以名狀的痛苦和折磨後，人們才會意識到它是如何使人生枯萎，理想破滅，靈感盡失，最後連一絲希望都蕩然無存的。

第三十四章　交際技巧

事業上的成功離不開好友的幫忙和別人的信任，揭人傷疤、觸人痛處會導致友誼破裂。惡語傷人恨難消，如果想要友誼長存就要講究交際的技巧，尤其不要去抨擊對方的品味，或是傷其自尊、貶其能力。

　　事業上的成功離不開好友的幫忙和別人的信任。好的朋友往往不停地讚美我們的作品，讚揚我們的貨物，津津樂道地談論我們在法庭上的成功案例或者我們如何完美地治癒了患者。當謠言四起時，他們會挺身而出，為朋友兩肋插刀，捍衛我們的名譽，指責造謠生事者。如果我們不懂得交友之道，那麼我們就會失去這樣的好朋友。

　　有些人總是吃力不討好，最終惹惱對方，或者總是言語尖酸刻薄、對別人冷嘲熱諷。

　　揭人傷疤、觸人痛處會導致友誼破裂。事實和真相如果使用不當，在說話不講技巧的人的手中就會變成一把利刃。惡語傷人恨難消，如果想要友誼長存的話，就要講究交際的技巧。尤其不要去抨擊對方的品味，或是傷其自尊、貶其能力。

　　每個人都有心理敏感區，不容他人侵犯。可能是臉孔

醜陋，可能是學識淺薄，也可能是粗俗無禮或者膽小怕事，但無論是什麼人們不希望這些被人知道、被人刺痛，或者被拿來作為他人的談資。如果這些遭人冒犯的話，我們甚至會與對方割袍斷義，永遠不相往來。

有一種可憐的人自詡很有幽默感但卻口無遮攔，他每講一個笑話就會得罪一個朋友。但他又忍不住要去開別人的玩笑，為此得罪了朋友也不在乎。幽默的人若想留住朋友一定要留下口德，避免講些無禮、傷人的笑話。

交際技巧從書本上根本學不到。銷售員們如果不懂得交際就會賣不出商品，商人們如果不懂得交際也總是勝少輸多。對於銀行業，交際技巧與資金同樣重要。保險業務絕大部分都要靠交際技巧來成交。不講究溝通技巧的律師無論是法庭陳詞還是與客戶的交流都會以失敗告終。醫生在與病人打交道時尤其需要說話的技巧。在處理勞資雙方的關係時如果略施技巧就可能可以避免許多代價慘重的罷工事件。無數的例子證明懂得交際技巧的人也會職場順利，被委以重任。

第三十五章　獲取信任

獲取他人信任的技巧在年輕人發展的道路上具有不可估量的價值，但是深諳其道的人卻很少。成功有時候更多的是靠優雅的禮儀和迷人的性格，而不僅僅是靠能力。

獲取他人的信任的技巧在年輕人發展的道路上具有不可估量的價值。但是深諳其道的人卻很少。大多數人總是在獲取他人信任的過程中自設障礙。由於不懂禮貌、缺乏技巧或者脾氣古怪，本來我們一門心思要討好的人，最後卻對我們避之唯恐不及，甚至會導致雙方反目成仇。

有些人要費盡周折才能改變因為糟糕的第一印象而使對方產生的偏見。而有些人卻可以不費吹灰之力就做到魅力四射、左右逢源。

成功有時候更多的是靠優雅的禮儀和迷人的性格，而不僅僅是靠能力。

比如說，最好的老師不是知識最豐富的人而是運用交際技巧和引人入勝的教學方式讓學生感興趣的老師。有的銷售員雖然精通業務但卻舉止惹人討厭，結果總是得不到賞識，常常敗給了那些會討人歡心的人。

　　我們天生就喜歡賞心悅目的事物，甚至有時候還常常因此而被混淆視聽。當圖書商想方設法接近我們時，我們常常會在心裡面產生排斥。但是如果他很討人喜歡，能夠迅速使人產生好感，他就不但會把書賣掉甚至可以賣給那些起初根本就沒打算買書的人們。我們經常會聽人說：「我當時根本沒打算買這本書。但是那個推銷員真討人喜歡，彬彬有禮又和藹可親，我情不自禁就按照他介紹的買了。」

　　雖然大多數情況下獲取別人信任和喜愛的能力是天生的，但是就像我們生活中的許多美好事物一樣，只要你真心去尋找就一定能夠得到它。

　　如果沒有這種天賦，第一步，你要培養開朗的性格。面帶微笑總會比一臉陰霾更能拉攏人心，引人注意。

　　要懷有一顆憐憫之心。如果你希望別人善待你，你就要學會悲別人所悲，喜別人所喜。

　　遇到朋友或者熟人時不要拉著人家不管三七二十一就大講特講自己的事。要學會聆聽，去感同身受，去體會他們的夢想、恐懼和計畫。這並不意味著你只能從頭到尾傻坐在那裡，聽別人嘮叨不休。無論對方是誰，重要的是我們是在憐憫一顆孤獨的心。這樣的憐憫每個人都需要。

雖然你的愛心似乎有些氾濫，但我們還是要視別人為兄弟姐妹。要為人友善，在你創造的歡樂與幸福的氛圍中，你將得大於失。

　　最關鍵的是還要有始有終、堅持不懈，否則將成效甚微。今天還是友好、樂觀的，明天就變得生硬、粗俗，或者一會兒去極力討好別人，一會兒又翻臉不認人，這樣做根本行不通。若想為人堅強、可靠，必須有平和的心態。浮躁易變、情緒不穩的人不會得到別人的信任。

第三十六章　信用的基礎

想在商界中擁有左膀右臂、良師益友，就必須有良好的信用。良好的信用取決於有條理的辦事能力、可靠的人格和準確的判斷力。人的個性、可信度、經商才能和刻苦耐勞的性格在商界中遠遠比幾百萬美元更重要。

許多剛開始創業的年輕人錯誤地認為金融信用只跟財產或者資金有關。他們不明白人的個性、可信度、經商才能和刻苦耐勞的性格，在商界中遠遠比幾百萬美元更重要。

想在商界中擁有左膀右臂、良師益友，就必須有良好的信用。良好的信用取決於有條理的辦事能力、可靠的人格和準確的判斷力。

銀行家們可以一眼就看出上述品格。如果一個人雖然繼承了大筆的財產但是卻沒有經商能力，而且為人極其不可靠，那麼批發商是不會讓他賒帳的。比較那些資金雄厚的創業者來說，白手起家的年輕人們通常更有精力，能吃苦，並且非常警覺，能夠抓住商機，同時為人也更加有禮貌，更加樂於助人。

批發行業的信貸人員通常能夠很快看出他們的準買家

是否具有成功的潛能，並且在估計賒欠給對方多少錢才安全的問題上，他們很少會犯錯。

有些剛起步的年輕人會把自己的人品當成資本，他們所欠下的每一元錢都是用他們的人格在做擔保。這樣的人通常會成功。

羅素‧賽奇[35] 說：「成功的祕密就是要保持良好的信用記錄。」

要經過多年的努力才會獲取別人的信任，此時你就能很容易地去廣泛地開拓業務。

《布萊希特詩選》的編輯曾經就信用的基礎問題給了我一條建議。他的建議包括下面的三點：

首先，他必須注重榮譽，誠實守信。他要信守合約，言出必行。如果沒有這樣的信譽生意是不可能長久興隆的。在事業剛起步的時候如果缺乏這種信譽將會是致命的。這種品格是最為人們所看重的。

其次，有信用的年輕人必須在別人的眼中是個精通業務的人。他要多才多藝，博學多聞。同時他最好在某個方面是極其精通的。這是一個分工精細的時代，從長遠來看，通才或全才未必會像專才那樣成功。專才在某一方面

---

35 羅素‧賽奇（Russell Sage, 1816-1906），美國金融家、實業家、政治家。羅素‧賽奇學院的創辦人。

可以做得比任何人都好。他們一技在手，受人信任，成功在握。

　　再次，對於渴望成功的年輕人來說個人的習慣也極其重要。通常人們會認為這一點與成功或者失敗毫無關聯。有許多人已經取得了不小的成就卻因為不良的習慣而功敗垂成。人們很容易忽略自身的缺點，但是這些缺點卻難逃他人的法眼。不可否認的是，一時的習慣會慢慢變成性格，不良的嗜好會侵蝕掉最初的一點美好的天賦，最終令人黯淡無光。最初難敵誘惑，最後身陷險境。一開始，習慣只不過就是給自己找些事情做，到最後人們卻深受習慣所困，無力擺脫。而此時人們也只能追悔莫及。滿懷壯志的年輕人所能做出的最好的、最能夠影響未來的決心應該是：拒絕誘惑、絕不放縱，杜絕不良嗜好，杜絕非法交易，規避風險投資，絕不賭博。即使在娛樂消遣也要保持端莊得體，這樣才容易讓人心生信任，反之則會令人厭惡。統計數字顯示有相當比例的商業失敗例子可以直接追溯到不良的個人習慣。

　　查爾斯・克拉克[36]應我的邀請對這個話題做出了下面的回答：「社會以誠信為基礎。如果不是無數先人的互相信任就不會有今天的文明；如果沒有當今人們的相互信任就

36　查爾斯・克拉克 (Charles F. Clark, 1864-1931)，美國教育家、作家。

不會有文明的進一步發展。這是顯而易見的事實。我對全國商人和他們的企業進行了近四十年的仔細分析後發現，很大一部分商人的破產就是因為他們沒有充分地了解這一點。今日，許多人沒有意識到他人的信任對自身的重要性，因此也就沒有去全力爭取，最後導致災難從天而降。我想告訴每一個年輕人，每天工作都是為了增加自己的信用度。好的理念不一定會有好的信用，好的理念必須與自身的能力結合在一起。他要有能力實現目標，履行義務。良好信用的基礎應該是全面的人格加上專業的技能。在事業的起點，年輕人一般不具備必要的經濟地位和能力，但是他可以利用自己良好的人格建立商業信用，成為一個事業有成者。在收集排名所需的個人資訊時，鄧白氏公司看重的不是企業的規模或是個人的收入，雖然這些也很重要但是並不夠。他們所關注的是人本身──人的性格、習性和這個人過往的記錄。」

我們的一言一行都有人在關注著，再微小的事情也可能會給他們留下深刻的印象。但是年輕人對此卻知之甚少。

如果年輕的借債人逾期不還，拖欠了好幾天，那麼成功的商人就會對他產生偏見，甚至不願與之進一步交談，完全失去對年輕人能力的信任。

這個年輕人可能會覺得既然對方已經知道自己很誠實，那麼拖欠一兩天對這個百萬富翁來說應該無關緊吧！事實上，這一點對於對方是否信任他是至關重要的。

許多年輕人不太在意自己的銀行記錄。他們經常透支而又不及時還款。他們為人誠實，只是有些粗心大意、缺乏條理，但卻因此失去了信用。

好的商人做事迅速，他們等不起辦事拖拖拉拉的人。速戰速決是他們做事的首要原則。如果有人違約、拖欠、做事粗心，他們就會失去對其的信任。

若想有好的信用一定要做事迅速、準時。邋遢、慢吞吞、拖延只會敗壞人的信用。

商人不喜歡和需要自己時刻監視的人打交道。在交易中他們需要確定安全無虞。

毀掉一個人的信用和名聲根本不用太長時間。一個人數年來兢兢業業、勤勞且謹守本分，但是由於某個粗心、健忘、邋遢的做事方式便可能頃刻間信用全無。

第三十七章　與賢者為友

善於利用賢士能人，甚至是比自己強得多的人是一門不小的學問。年輕人要學會與賢者為友，找能人相助，這樣有利於在商界中獲得成功。許多人很大程度上是因為他們善於招賢納士而獲得了成功，因為其手下「兵強馬壯」。

年輕人要學會與賢者為友，找能人相助，這樣才會在商界中獲得成功。

卡內基先生曾經說過他的墓碑上要刻上這樣的碑文：「埋葬在這裡的人，懂得如何將比自己更優秀的人為他所用」

有許多人獲得了成功很大程度上就是因為他們善於招賢納士，手下兵強馬壯，似乎天生就很善於觀人、用人。

一個人如果識人不準、用人不當、管人不精，就不能領導一家大企業。

某個傑出的銀行總裁告訴筆者他之所以成功就是因為他天生非常善於識人、用人。在重要職位的選人方面他從未出錯，一旦這個人來任職，他會讓這個人明白整個公司的成敗都將繫於他一身。他用人不疑，很少對其工作橫加干涉，而結果也常常是令人滿意的。

然而不是每個人都可以做到人盡其才的。許多人能力非凡卻創業失敗，不是他們不努力，而是他們不懂識人。缺乏領導才能和管理能力的人卻被他們委以重任。

一樣通的人未必樣樣通。人們常常錯誤地認為既然一個人文筆很好，那他就可以管理公司？實際上這兩個領域存在著天壤之別。一個領導者要懂管理、有遠見、善於組織、能系統性地做規劃，否則公司將會一團糟。

有的商人不懂得用人，結果搞得自己疲於奔命去收拾不稱職的部門主管留下的爛攤子。管理者不應事必躬親，他只要負責制訂計畫然後讓手下人不折不扣地加以執行。實際上身為公司的領導者若要為瑣碎的事情勞神的話，這是能力不足的表現，表明他缺乏遠見，不懂得用人和管理人。

許多大公司的老闆很少待在辦公室，他們旅遊、打高爾夫球，生意卻照常有條不紊地進行。他的手下全都各司其職，忠於職守。

善於利用賢士能人，甚至是比自己強得多的人是一門不小的學問。

許多大公司的老闆旗下招募了一批比自己能幹得多的

精兵強將。如果有機會，這些人的成績甚至會超過他們的老闆。

事實上很多人都沒有機會了解自己能力的極限。在年紀尚小時他們就謀得了一份工作，工作一直穩定，凡事都由別人打點。他們也樂得如此，不必像老闆那麼拚命，也沒什麼事情需要自己全力以赴。

我們常說亂世出英雄，巨大的壓力下人們才能開發出自身的無限潛能。

當國家面臨巨大的危機，比如說內戰時，英雄往往會應運而生。林肯、格蘭特、法拉格特 [37]、薛曼 [38]、羅伯特·李將軍等響應時代的號召挺身而出。而在和平年代，沒有壓力沒有危機，英雄們歸於沉寂。他們也許就在我們的身邊，可是空有一身本領卻無處施展。

今天在無數的地方都沉睡著默默無聞的巨人，他們隨時準備一躍而起，迎接挑戰。但是在大戰之前，他們是無聲無息的。

沒有什麼會比得到本行業高手的認可更能夠激發一個

---

37 法拉格特（David Glasgow Farragut, 1801-1870），美國內戰中的一位海軍將領，同時也是美國海軍第一位少將、中將和上將。

38 薛曼（William Tecumseh Sherman, 1820-1891），美國南北戰爭中的北軍將領，以火燒亞特蘭大和「向大海進軍」戰略而獲得「魔鬼將軍」的綽號。

人的潛能了。

　　當一個人是部門的主管，承擔全部責任於一身時，他的名聲備受考驗，他必須用盡全身的力量才會不辜負栽培、提拔他的恩人的厚望。但是另一方面，如果並不是他一個人在負全責，他的老闆總是不停地干預大小事，他就會覺得自己沒資格參與重大決議，於是便偃旗息鼓，只需要負責日常瑣事就可以了。

第三十八章
老闆，你能做什麼？

> 好的雇主可以開發出員工的潛能，使人表現出自身的最佳狀態。如果雇主總是對員工讚賞有加、盼其成功、助其發展，不但會令他們鬥志激昂、精神抖擻，完全忠心於企業，更會讓雙方形成真正、持久的友誼。

　　我們到處都能聽到人們在抱怨一將難求。個人和企業都面臨著這樣的難題。報紙雜誌對此觀點不一，但卻一致認為要找到一個稱職的管家、職員、速記員或者各種技術工人，從未像今天這樣困難。我們很少聽到對雇主的討論或批評。不良的雇主也很少會登上報刊雜誌。他們吝嗇小氣、吹毛求疵、作威作福、蠻橫無理但是卻絲毫不擔心會受到指責和非難。他們隨意發火，責難員工卻無人反抗或抱怨。而員工們哪怕只是忍無可忍地發了一次火，向雇主說出實話，他都有可能被解僱或者受到嚴厲的譴責。為了每月的幾萬的薪水他們付出了自己最好的時光 —— 他們的精力、熱情、腦力和體力。為了讓老闆高興，他們甚至犧牲掉個人的正常娛樂，犧牲了提升自我的機會，甚至是他的家庭。

　　雇主們給員工的是非人的待遇和微薄的補償，可是卻希望員工們回報體力、技巧、歡愉和友善。他們每星期拿出微不足道的錢就指望買到最高貴、最偉大的人格。

　　在做了多年的雇主之後，我明白了公司間的差別不在於員工而在於雇主。好的雇主可以開發出人們的潛能，使人們表現出自身的最佳狀態。我們總是透過別人來看自己。世界像是一面鏡子，你笑它也笑，你哭它也哭。所以從員工身上就能看到雇主們對他們的態度如何。

　　當然，總是有些員工確實是不能勝任自己的工作。但我們不能忽略這樣一個事實：在一家公司被說成「傻瓜」的人到了別間公司卻成績斐然。我花了好大的力氣對那些因為不稱職或不聽話而被開除的雇員進行追蹤調查，吃驚地發現這些人後來不但身兼要職且完全得到賞識。他們的成功不是因為他們吸取了上次被開除的慘痛的教訓，而是在不同的工作條件下不同的老闆對他們的態度發生了轉變。前任老闆對他們缺乏信任，小氣冷酷，結果員工也以惡報惡。現任老闆對他們信任有加，寬以待人，雇員們也就以善相報。

　　有些雇主用人無道，為人小氣，不講情面，結果當然得不到員工的最佳服務。

只是機械化地、硬著頭皮去做事和懷著對老闆與公司的熱情、精力充沛地投入到工作之中，兩者間有著天壤之別。它能決定事情最終是成功還是失敗。

　　苛刻、挑剔、不懂得欣賞的雇主只能得到前一種服務；寬宏大量、為人慷慨、有條不紊的雇主得到的是後一種服務。

　　雇主應該以人為本，視員工為同事與合作者而不是受他頤指氣使的人體機器。要讓員工從一開始就對工作產生興趣。當員工全力以赴地去工作時自身也會得到進步。這對於雇主和員工而言是件雙贏的事情。

　　對於苛刻、貪婪的雇主，雇員們只會回報以潦草和心不在焉的工作。沒人願意去提出意見或者對工作加以指正，公司的成敗對他們來說無所謂。事實上，如果不是為了生計，他們倒是很樂於看見公司垮掉的。

　　在這樣的工作條件下，員工們自身也是不斷退步的。他們停止思考，腦筋遲鈍，雙手只是機械化地擺動。

　　有多少雇主能認知到自己在公司的成與敗、雇員工作道德的提升與墮落方面擔負著重大責任呢？是不是有些人會認為只要自己付了錢就有別人替他工作，而自己就沒有任何責任了呢？雇主們只要花錢就可以像買下其他任何商

品一樣買到別人的工作時間與成果，而雇主的工作也就完成了。他們再也不會費心考慮員工的福利或未來發展的問題。這是一樁冷血的交易 —— 一分不多，一分不少。

　　一個二十多歲的年輕人管理著一家大磨坊，年薪達到了一萬美元，他驕傲地說他得到晉升是因為他有能力榨取工人們最大量的工作。他把工人當成奴隸來使用，一天的正常工作量並不能滿足他的要求，工人們只好從早工作到晚，體力達到了極限。工人們心裡清楚如果他們不這樣子就會被視為無用而被炒魷魚。在中東的某個城市也有這樣的一個雇主，自詡自己可以花較少的錢就僱用到能幹的幫手。

　　無論是從利己的角度還是從道德的角度來看，這些人的工作方法都存在著漏洞。從長遠來看，被榨乾的工作者所提供的勉強工作與心甘情願、滿心歡喜的工作者所提供積極工作相比，既不會令老闆滿意也不會長久地維持下去。

　　員工們能夠很快地注意到雇主的態度。他們會看出雇主是為他們著想，關心他們的福利，還是只是把他們簡單地看成是工作的機器，在榨乾他們最後一點血汗後就會將他們拋棄。

雇主最大的誠意應該體現在對員工的福利上。勞資雙方利益相連,不可分割。公司營運所必需的員工的福利與安康是雇主們最大的財富。當雇主全力地提高、改善員工的福利與待遇時,他們其實是在做一項穩賺不賠的個人投資。

俗話說善有善報,如果員工感受到了雇主的重視和好意,他們就會用心去研究如何可以節能、省時,如何能夠提高效率,改進工作的方法。

雇主對員工工作上的認可、讚揚會令員工歡欣鼓舞,加倍努力。而這往往又是雇主們最吝惜、最少給予的。許多雇主認為給員工太多的好臉色會削弱士氣,使他們不再積極努力。這是對人性的極大誤解。人們天生渴望得到認可。心胸開闊,對員工如家人般呵護的雇主總是會得到員工忠誠、無私的回報。

若想讓員工有上乘的表現,就要使他們加足馬力、心懷理想並充滿鬥志。如果雇主懷疑員工的忠誠,擔心他們會在自己不在時怠忽職守,同時又不懂得欣賞,是非不分,這將給勞資雙方都造成巨大的傷害。懷疑和不信任就像一盆冷水,熄滅了員工的熱情,抑制了他們的抱負,從此他們不再有創意,不再對工作真正感興趣、也不再去分

擔公司的責任。他們只是漠然、敷衍地完成手頭的工作，不時看看鐘錶，一想到下班後就可以從這份苦差事中解脫了，他們便滿心歡喜。

如果雇主總是對員工讚賞有加，盼其成功，助其發展，不但會令他們鬥志昂揚、精神抖擻，完全忠心於企業，更會讓雙方形成真正、持久的友誼。

雇主很少意識到自己對員工的生活所產生的或好或壞的影響。年輕的員工因為與其他行業的人接觸較少，經常會把自己的雇主當成榜樣，他們所有的商業道德理念都是在這種環境中形成的。年輕人善於模仿，有意無意地就接受了自己頂頭上司的價值觀、理念和行為方式。老闆有系統、迅速、嚴格、條理清晰的做事方式很快就會體現在手下員工的生活中。老闆高度的榮譽感、誠實守信和對成功黃金法則的遵守，都將在員工那裡引起共鳴。

雇主邋遢、遲疑、令人迷惑和缺乏條理的作風也會深深地印刻在員工的性格之中。雇主們的陰險、狡詐、卑鄙、見不得人的交易和滿嘴的謊話也會令手下的人道德敗壞。他們會很快地忘掉老師們的諄諄教誨和慈愛的父母的忠告。

有的雇主令手下的人永遠道德淪喪，而有些雇主卻用

自己的人格魅力帶領下屬走上了一條光明大道。只有當雙方都認知到了自己的責任和義務，彼此間不再懷疑；只有當雇主學會了欣賞而雇員們擁有了當老闆的精神，勞資雙方曠日持久的爭執才有可能結束。

第三十九章　廣告的藝術

在這個競爭激烈的時代，一定要讓大眾知道你的產品。撰寫可以吸引目光且經久不衰的廣告標語是一門大的學問，要用廣告來激發人們的需求。成功的廣告要突顯產品的特色，要讓人們樂於掏錢購買。

在這個競爭激烈的時代，一定要讓大眾知道你的產品。許多年輕人雖然可以進或挑品準確，保證貨源，但卻因為不懂廣告而經商失敗。

年輕人經常不懂得如何去編寫和安排廣告，結果浪費掉了大筆的金錢。他們應該研究一下成功的廣告案例所使用的方法。

撰寫可以吸引目光且經久不衰的廣告標語是一門大的學問。廣告詞要做到常聽常新、歷久彌新。它應該有著旺盛的生命力，而且要一語中的，達到宣傳的目的。好的廣告能廣而告之，就像無聲的銷售員，賣力地推銷自己的產品。

能寫好廣告標語的人比只會給產品做分類、貼標籤的人有許多的優勢。當今社會形形色色的物品被推到了大眾的面前，如何才能巧做宣傳真是一門大學問。廣告若想成

功首先要有好的廣告標語，合適的媒介以及令人頓生好感的魅力。

只是把產品的名字生硬地介紹給大眾是毫無意義的。好的廣告標語要做到簡練、醒目、振奮人心、引人注目。索然無味的廣告標語很快就會被人們忘掉。除非產品本身是人們極其需要的，否則人們根本不會理會毫無趣味的廣告。廣告的吸引力和準確性兩者缺一不可。

在報紙或其他媒介上簡單地寫下產品的名稱就一切萬事大吉的時代已經一去不復返。廣告已經是一門精細的藝術，是一種專業。想要成功的年輕人要像畫家需要先選好畫布一樣，首先要想好自己的廣告標語。大公司廣告部的人員通常會拿到豐厚的薪水，甚至還會高出一些部門主管。

永遠不要在廣告中詆毀對手，這樣做只是在告訴別人你對對手的恐懼。不可以誇大其詞，更不可使用低級趣味。務必簡單、務實、直接。話語少而精煉，對產品的特色不斷重申以加深印象。

要用廣告來激發人們的需求。成功的廣告要突顯產品的特色，只能吸引目光並不是太成功，要讓人們樂於掏錢購買才行。

剛起步的商人要樹立自己可信賴的形象的話，務必要言出必行。

我認識一個年輕人，他說：「我的廣告效果不好，但是廣告寫得可是不錯的。」我問他是在哪裡刊登的廣告，他說：「我在一家週報上刊登了三次，花了1.5美元。」我一聽，花在這種廣告上的錢真的是白白浪費了。成功的廣告一定要鍥而不捨，不斷地衝擊人們的眼球直到大家都耳熟能詳。

每個人所採用的方法各有不同，但總是有可以借鑑之處。第一步要引人注意。我們來看看立頓先生在格拉斯哥開食品行時是怎麼做的吧！當時他還年輕，完全用小孩子的思考行事。他帶上父親最好的兩頭豬，將它們沖洗乾淨、裝扮一新。讓兩頭豬拉著一輛紅色的小車，車體上寫著「到立頓商店去」。好奇的市民在大街上跟著這輛奇怪的小車一直走到了立頓先生的商店。店內粉刷著和車一樣的紅色。這家店大獲成功，今時今日在全世界已經發展到了 500 家之多。

立頓先生說道：「有一回一輛載滿貨物的貨輪正在非洲海岸上航行，突然遇到了大風暴。貨輪需要卸貨減壓。輪船一度幾乎失事。當時我腦海裡所想的不僅僅是要損失掉這批茶葉了。我把茶葉都倒在了甲板上，忽然有了個絕

佳的廣告創意。在每個袋子上，我用黑色字體寫上大大的「立頓茶」，然後將它們從船上拋下，指望會它們飄到非洲海岸上，讓那些從來沒聽說過立頓茶的人撿到。果然，我的辦法奏效了。」

接著，倫敦收到了一封關於這次海難的電報，上面只寫著「立頓」。駿懋銀行不知道誰是立頓，於是就展開了調查，發現原來電報的發送者是一位茶葉大亨。

在雪梨的新南威爾斯州海港上，托瑪斯・利普頓爵士的廣告創意也很值得借鑑。幾年前，在澳洲發生的一系列的謀殺案使全國陷入了恐慌。犯案者逃往舊金山結果被抓獲並帶回了澳洲。押解犯案者的船隻一到達立刻引起了人們極大的關注。當押送犯人的這艘船停泊在雪梨港口時。這時海面上出現了二十多艘帆船，每艘的船帆上都用醒目的黑色字體寫著「立頓茶」。

約翰・沃納梅克[39]曾經放飛一批廣告氣球，如果有人能撿到氣球並送回到他在費城的店裡就會被獎勵一套衣服。他之前曾為此做過大量的廣告鋪墊，全城的人們都開始關注這件事情，他的商品也因此得到了公眾的關注。

39　約翰・沃納梅克（John Wanamaker, 1838-1922），美國商人，被認為是百貨商店之父。

美國杜魯斯市的古德爾[40]就如何開始經營雜貨店這一問題時提到：「開業前做三週的廣告，告訴大家在開業慶典上不賣任何的商品，但有免費飲料提供。廣告中有獎徵集最佳的店鋪名稱，所起名稱要符合三週廣告內所宣傳的店鋪的政策，當然廣告的內容也是不斷地變化的。參與者都可以得到一份獎品或紀念品。開業慶典當天絕不賣商品，而是要與來店的每一個女性結交朋友。店內貨品擺放精美，價標醒目，到處都張貼有本店的座右銘。年輕的女孩穿著日式服裝挨桌供應飲料。所供應的咖啡、茶和可樂都是某個特殊品牌、由專門人員調配的，這些品牌在本店的日後的銷售史上將位居前列。批發商也會派專人來店裡進行產品展示。在一些帶蓋的玻璃盤子裡擺放上知名品牌罐裝食品的樣品。店員們也應該積極參與其中，熱情解答、友好待客。」

　　古德爾說：「我至少投入 75% 的廣告費用到當地的主流媒體上，和出版商研究該用多大的版面連載一年或者半年。這樣就能避免以後不斷地變更版面位置或者內容總是一成不變。對於廣告資金有限的雜貨店而言，報紙無疑是最好的媒體。人們一般都有讀報紙的習慣。報紙走入千家萬戶，並且人們在讀報紙時通常會把手頭的工作都停下

40　古德爾（John Moseley Goodell, 1823-1877），美國商業連鎖店創始人之一。

來，因此更有時間進行思考。我認為女性讀者中幾乎沒有人會不看廣告。商人們要努力讓他們的商品、店鋪、價格等的廣告值得一看。」

「人們想準確地知道他該付多少錢，也想準確地知道他付錢買到的商品品質如何。再華麗的語言和花哨的外表都不能掩蓋住真相本身。」

「廣告的創意比什麼都重要，廣告應該具有特色，廣告人應該互相借鑑的同時又應該不斷進步，他應該了解自己的受眾群體，然後再相應地制訂計畫，決定該是在報紙雜誌上刊登廣告還是該派工作人員到定點推銷。如果是生產商，應該把自己的名字附加在產品上，這既是為了使自己為人所知也是對商品的品質本身進行擔保。對於農夫，如果他種植的作物本身良好的話就不愁銷路。」

在企業的發展過程中，再完美的廣告也比不上公司童叟無欺的名聲。以誠信為基礎，公司才會發展壯大。以欺詐和劣質品為基礎，公司遲早會銷聲匿跡。

史都華的誠信不僅得到了回報，而且還給他帶來了財運。公司裡任何職員都不允許虛假宣傳、惡意隱瞞。有一次，一個職員向他反映一種商品存在著缺陷，同時還帶來了一個樣品。這時候正好有位顧客要進貨一筆大的訂單，

他問道：「你們有沒有什麼新的、好一些的貨可以讓我今天就看看？」那位年輕人馬上回答道：「有的，先生，我們剛好有可以滿足你要求的貨物。」然後他讓對方看了剛才他還向老闆抱怨的那件商品。他誠懇地向對方介紹商品的特點最後雙方成交。史都華先生一直在旁邊看著，他提醒這位顧客一定要好好地檢查一下貨物，然後轉身讓那位不誠實的店員到出納人員那裡結清他的薪水，因為該公司已經不再需要他的服務了。

店員對老闆忠誠的同時也應該對顧客忠誠。公眾的信任是商人的生存之道。失去了這種信任，公司的繁榮將無從談起。店員如果用高價賣掉了一件有問題的商品，也許會覺得自己很聰明而得意揚揚，但是從長遠來看，這種交易表面上賺了實際上卻是賠了，賠掉了企業賴以生存的命脈 —— 公眾的信任。

美國個人信用調查協會主席說：「生產商們已經開始意識到劣質產品的生產和銷售不再是一條賺錢的門路。謊言早晚會被揭穿。值得打廣告的商品一定要有自己的優點，而廣告若想有所回報就一定要尊重事實。帶有欺騙性的商品在商人的手上就像是貶值的鈔票一樣。對待劣質商品的態度也應該像對待假鈔一樣。」

第四十章　與時俱進

今天比以往任何時代都需要那些受過良好訓練並且與時俱進的年輕志士。若想達到人類物質和精神境界的巔峰就要跟上時代前進的步伐，去閱讀、去學習、去思考、去觀察、去最大限度地開發身心。

　　有個故事講的是一個士兵不斷地抱怨整個軍團都跟不上他的步伐。我們也會經常看到有人形單影隻、孤軍作戰卻堅絕不肯接受商業上的新發展。他稱其太「新潮」，笑其總有一天會被淘汰。這種人的結局不是終身貧困就是默默辭世，很難有出頭之日。

　　有些報社不肯採用新模式，總是因循守舊、一成不變。他們不明白獨家新聞有什麼好處，不明白既然花一點錢就能找到一篇不錯的文章為什麼還要花大價錢去聘請什麼資深編輯，他們不明白既然東西還可以用只是有些過時、老套了為什麼就應該丟掉。他們認為高薪聘用好的校對人員簡直是愚蠢至極，讀者根本不會注意或者計較一份日報中的一點點錯誤的；他們也不會丟掉舊的印刷機去買一臺和競爭對手一樣的新式機器，因為那是他們當年花了高價買來的；他們沒有意識到一份晚報為什麼不能從別的

地方隨便摘抄一些文章，為什麼要出資出力地自己撰寫原創的文章；同樣的，他們也弄不懂為什麼自己的發行量在不斷地下降，廣告量也在不斷地銳減。

他們與時俱進的競爭對手可以回答這些問題。這是一個進步的時代，人人都想得到最新式的商品。人們訂閱一份報紙時要確保報紙是由走在尖端、不斷進步的出版商發行的。商人刊登一則廣告時要確保報紙是最暢銷的，是擁有最大的讀者群的。無論什麼行業，一旦老套、落伍就將再也無人光顧，你的老客戶也會另尋他處，轉而投向更能與時代合拍的人。

有的教師教書多年一直都很成功，但卻墨守成規、不思改進、排斥新方法最終只有慘遭淘汰。

因循守舊的律師也會再也無人登門請教。他們不看最新的法律書籍或出版物，一味地沿用曾經很流行但現在卻完全落伍的舊方法、舊書籍、舊詞彙。他的辦公室骯髒昏暗，個人也不修邊幅。但是他們自己卻想不通為什麼客戶會不來找他而去找那些經驗根本不如他的晚輩們。

有的醫生離開醫學院後不久就開始不思進取，最終也成了落伍者。剛開始時他還很關注醫學界的最新進展，但是一旦工作走上了正軌，他便故步自封，再也不理會那些

最新的醫學出版物、不去分析病例、不去嘗試新的治療方法。靠著手頭已有的技術、陳舊的知識和以往的經驗，最後則因循守舊，再無創新。他沒有意識到在他的周遭來了個年輕的醫生，這個人剛剛在設備一流的醫院裡實習過，那裡有著最先進的手術設備和最新的醫學知識，同時那裡還有當下最新式的辦公室。他的病人開始流失。當這位「過氣」的醫生意識到這種狀況時，他怨氣沖天，卻仍然沒有注意到自己不思進取的陋習。

　　一些老派的農夫根本就不相信什麼新式的理念和現代的播種工具，也不會去研究土壤的化學成分。他的父親在這片土地上已經種植玉米和馬鈴薯幾十年了，他認為自己應該遵循父親的老辦法。他不懂什麼是作物的輪作，只是按照老方法吃力地在田間勞作，到頭來卻連糊口都成了問題。而與他土地相鄰、土質幾乎完全一樣的鄰居卻是個進取之人。他採用最先進的方法，認真地研究土壤，結果在這片土地上創造了奇蹟，生活富足又安康。

　　我們還可以舉一些藝術家的例子。他們才華橫溢、蜚聲海內外，卻也難逃落伍的命運。當新的用色和繪畫方法開始流行時，他們視而不見。他們因循守舊，不思變革，最終被前進的隊伍遠遠地拋在了後面。

　　我認識一位很有才華的老藝術家，他的作品工整細膩、細緻入微。即使用放大鏡也找不出什麼毛病。他的畫作確實不錯，可是當印象派大行其道時，他卻對這種新畫法非常牴觸，並斥責說印象派的人是在侮辱藝術。他在晚年時變得貧困潦倒，默默無聞。由於不肯接受新方法，他被時代所淘汰。

　　即將進入職場或商場的年輕人們應該根據自己以後要從事的工作的特點，多花一些時間到辦公室、商場、工廠去走動，學一學那裡的成功經驗。他們會發現所有的成功者都排斥陳舊的方法、設備和風格；那些固守舊理論和舊方法的人都已經跟不上形勢了。他們會注意到無論是法律還是醫療行業，無論是劇院還是講臺，無論是商店還是工廠，因循守舊就是自取滅亡。那些取得成功的人士必定是進取之人、進步之人和新潮之人。

　　今天人們比以往任何時代都需要那些受過良好訓練並且與時俱進的年輕志士。那個單憑一技之長或精明頭腦就能事業成功的時代已經一去不復返了。現在的成功商人們不但要懂會計和其他商務知識，還要懂地理、懂外國風俗和貿易狀況，他們還要做到心胸開闊、思想自由、精力充沛。那些因循守舊、方法單一的人就像是不肯坐火車只肯騎牛旅行的人一樣變得與這個時代格格不入。

今天的商人比法官還要更謹慎、更小心地進行權衡和判斷。他權衡利弊，選擇最佳時機。只有精明能幹、深謀遠慮和判斷無誤的人才能夠屢戰屢勝。過去看來無關緊要的因素，今日也在影響著小麥、棉花、羊毛和菸草的價格。過去看來一文不名或不為人知的事物今日也可能被開闢出新的市場。

若想功成名就就要拋棄陳腐的觀念，與時俱進。新的時代已經開啟，一切都遵循著新的原則只有能夠預見變化並且迎頭趕上時代的人才有可能進展神速。

有的人過於保守、不思進取、思想落伍，經營了好多年的商店最後卻連糊口都無法保證。這種店的樣式老舊，又缺乏遠見，總是不能滿足顧客所需，給店裡帶來了很大的損失。商人們應該像醫生診斷病人一樣去了解、研究顧客可能的喜好和動向。

你的店裡是不是有許多早就應該降價甩賣的、過時的商品呢？如果經營的是女性用品店，那麼只有新潮、時尚、走在潮流尖端的商品才會得到女性顧客的青睞。世界各國都有許多店由於不能掌握時代的脈搏結果只好關門倒店。女性顧客總是對那些最新式、最有品味的商店趨之若鶩。

這不僅僅適用於服裝行業，實際上各行各業都通用。無論人們買到什麼，他們都想確保買到手裡的商品是最好、最新的。如果男士買了一頂帽子，他要保證這個款式是目前大家都喜歡的，他可不想要什麼去年過季的款式。只要你的店裡有賣，顧客就會想當然地認為該款式就是今年最新的。衣服也是如此。

經營不成功的另一個原因還有可能是你的商品擺放得不好。店裡雜亂無章，無人打掃，櫥窗也沒人打理。只是簡單地把商品放到櫥窗裡是毫無用處的。他們應該擺放精美，顯得時尚高雅、引人注目。布置精美的櫥窗本身就是好的廣告。如果你把自己的好商品都藏到了地下室或者沒有精美的櫥窗，那麼你在激烈的商戰中將毫無優勢。精明的大公司的老闆通常會花大錢聘用專門的人員來設計店面，裝點櫥窗。如果你的小店無力承擔這筆費用，你可以充分地利用自己的員工，尤其是年輕的員工，由大家集思廣益、獻計獻策也會產生好的創意。

你也許想不通同樣是刻苦努力為什麼你沒有對手發展迅速？其實你的對手注意到了無數的細節，而你卻對這些視而不見，結果只能是眼看著自己每況愈下。同樣的，你還可能想不通為什麼當自己的店面布置已經比對手做得更好時卻依然門庭冷落？而對手的銷售額可能還是你的兩倍

之多。你的對手會比你更清楚原因。那是你的員工、收銀員等待人冷漠、粗魯、無禮地趕走了你的顧客。這些人為人魯莽，做事偷懶，待人不熱情，使你失去了大量的客源。而你的對手卻要求手下做到絕對彬彬有禮、待人熱情和服務周到。他清楚地知道哪怕是員工身體況太不好的時候也不能對顧客表露出來，否則很有可能會因此丟掉一份生意。

挑選員工時一定要謹慎，甚至是苛刻。對商店巡視人員和部門主管的要求是有著天壤之別的。術業要有專攻，不可隨意安放。

你的圖書很有可能擺放很雜亂，帳本也亂七八糟的，你毫無戒備之心，信任任何人，選人時條件非常鬆散，從來不清點貨物，也從來不了解店裡的真正狀況。

如果一個頭腦精明、精力充沛、與時俱進又善於經營的青年開始與這些老派、保守的老闆進行競爭的話，結果應該是不言自明的。在這些老闆們還沒有回過神來之時，他們的顧客就已經一個一個地流失了，他們的生意也都被這個新人搶走了。

有的人自我封閉、與世隔絕，整天把自己關在實驗室裡埋頭苦讀，兩耳不聞窗外事。這種人不久後就會發現自己正在一步步地走下坡路。

　　總有人在不斷地緬懷過去或憧憬未來中空耗了自己的能量。人們最不珍惜的就是當下的光景。但是人們若想建功立業就要活在現實中，去感受生活，去觸摸時代跳動的脈搏。

　　許多人根本沒有活在當下。他們一心只讀聖賢書，足不出戶，與世隔絕，與整個時代格格不入。明日黃花和海市蜃樓都比不上實實在在的當下。我們要了解所生活的時代，與當今文明的發展亦步亦趨。

　　許多人選擇活在過去，他們接受的是古老的教育，整天研究的是虛無的哲學和停用的理論，滿腦子的陳腐觀念。在當今的環境中他們就像是天堂鳥落到了北極一樣渾身不自在。他們身在當代卻心在過去。他們想不通為什麼在這個世界裡他會懷才不遇，為什麼他們只是陌生土地上的一個陌生人。時代的趨勢，周遭的發展似乎都與他毫不相關。

　　若想成功就要投身到時代的洪流中，緊跟時代的步伐否則就會被拋在了後面。成功者與時代同步呼吸，血管裡流的都是時代的洪流。

　　20 世紀商業方法的根本性變革，使人類文明向前邁出了一大步，各行各業發明創造的不斷湧現，都決定著現在

的人們比二十年前甚至是十年前的人們需要接受更廣泛的訓練。本世紀的通關密碼是「不斷向上」。以後想做一名成功的商人注定要接受更高水準的教育。簡單的讀寫算術的技能是不可能讓人們事業成功的。

沒有學問，對對手情況一無所知也能夠獲取成功的時代已經一去不復返了。若想在當代取得成功就要對全國乃至全世界的局勢準確掌握，掌握最先進的方法，了解國內外市場。買賣的學問在過去也許很簡單，但在現在卻與無數的利益休戚相關。這是一門比數學還複雜的學問。競爭如此激烈、殘酷，那些不能預估市場、掌握商機、提早做準備的商人只有死路一條。事實上，現在的商界包羅萬象、無所不包，絕對容納不下狹隘、偏執的商人。

在其他方面的變化同樣是日新月異。技術、手工藝、工程、醫學等人類活動的領域都在發生著翻天覆地的變化。

在過去，電的使用簡單而且有限。而現在卻沒有哪個科學家可以預見這股強大的力量在將來會發展出多少種應用。今日，進入到電子工業的年輕人，不但要做到精通本業而且要比律師和醫生受到更廣泛的教育和更全面的培訓。

在當今時代若想成為行業中的菁英，需要多年的精心準備和細緻培養。今日的年輕人有著前所未有的良機，但是也從來沒有像現在這樣對成功的要求如此地高。

工匠、農民、商人、牧師、醫生、律師和科學家每人所屬專業不同，但是若想發揮出最佳水準就一定要做好準備去實現不斷增長的目標。

停滯不前的人將被前進的文明遠遠地拋在後面。若想達到人類物質和精神境界的巔峰，就要跟上時代進步的步伐，去閱讀、去學習、去思考、去觀察、去最大限度地開發身心。

第四十一章　友誼與成功

真正的朋友有助於人們超越自己。在生存大戰中，無論身處何地，要做到能夠與別人結下永久的友誼，這一點彌足珍貴。友誼有益於我們的身心，帶給我們幸福和愉悅，點亮我們的生活，友誼同樣具有不容忽視的商業價值。

　　愛默生用一句簡單的話概括了友誼的價值：「真正的朋友有助於人們超越自己。」若想成功除了靠個人的能力，堅定、真實的友誼更是會助人一臂之力。

　　朋友能與我志同道合，他了解我的夢想，知道我的長處和不足，能激發出我的潛能，改掉了我的不良嗜好，讓我的機遇成倍地增長。他贈予我良言，賦予我力量，使我具備了無堅不摧的能力。

　　在生存大戰中，無論身處何地，要做到能夠與別人結下永久的友誼，這一點彌足珍貴。

　　友誼有益於我們的身心，帶給我們幸福和愉悅，點亮我們的生活。同時友誼同樣具有不容忽視的商業價值。

　　最近有一個競賽，要求寫下「朋友」這個詞的最佳定義。倫敦的某家報紙把獎頒給了其中一個參賽者，他寫道：「當整個世界都已經消失，朋友是第一個出現在你面

前的人。」

　　這不是嚴謹的字典裡的定義，但是還會有比這更好的定義嗎？那些借朋友之力度過危機的人對此會深有感觸的。

　　很多人認為他們的成功是離不開自己的交友能力的。然而現代的經商之道似乎有點在排斥友誼。現代人過於忙碌，忙著去創造財富，卻很少有時間來打理友誼。人們一心只想著發財，將過去的大學密友拋在腦後，而新的朋友又沒有出現。

　　我就認識這麼一個冷血的人。一個大學同學來找他，他們已經多年未見了，可是他卻連十分鐘的辦公時間也不肯拿出來，因為他的信念是「先工作，後娛樂」。這樣的人也許會累積財富，但是卻是以失去友誼為代價，連天使見到了也不免會為之惋惜的。

　　有時候有的人會超越他早年的朋友們。他不斷地增加學識、力量和智慧，而他的往日好友卻仍然原地不動或被遠遠地甩在了後面。但是如果一個人忘了老朋友又沒有結識新朋友的話，就不能算是進步了，因為人就是在不斷地結交朋友中發展的。

　　成功的最大障礙之一就是人前退縮，孤立無援，自我

封閉。人們經常忙於工作或自己的追求而忽視了社交生活。朋友們來找他,他要不是一口回絕,不然就漠然處之,日久天長再也沒有人上門了。朋友們一個一個地離去,當突然發生難以預見的災難時他才恍然大悟地意識到自己已成了形單影隻的孤家寡人了。

我們也可以追蹤調查一下在成功人士的事業中友誼所起到的作用。很多人都認為自己的成功完全是因為堅定的友誼。一位作家寫到:「人們被緊緊地聯繫在一起,他們信任的基石就是對彼此的尊敬。在激烈的商戰中勢單力薄的人根本不能取勝。他需要朋友、助手和支持者,否則就只有失敗。」

朋友其實會在很多事情上助我們一臂之力。他們把我們引見給那些對我們成功有所幫助的人;帶我們進入了我們本來沒有機會接觸的社交圈;他們不自覺地向別人宣傳我們的產品,誇獎我們的技術,表揚我們最近所取得的進步。換句話說,真正的好朋友會一直推動著我們前進,為我們的事業保駕護航。

一旦有朋友信任我們,我們也會增強對自己的信心。我們身邊的人尤其是一些成功人士如果對我們的能力毫無保留地信任,這無疑是一劑強心劑,會使得我們奮發圖

強，加倍努力。

有多少人雖身處逆境卻仍頑強奮鬥、自強不息，因為心中堅信有人正在用充滿希望的眼神看著自己，一旦失敗會令信任自己的人非常失望。

有許多人身處困境，身心俱疲，在即將放棄之際卻想起了對他充滿希望的老師的殷殷教誨，想起了滿含熱淚的母親臨別前的深情囑託，於是一躍而起，轉敗為勝。

我們卻往往捨不得送給身邊的人充滿希望和鼓勵的話語。一些進取心強又極其自信的人往往意識不到這種幫助對成功的重要性。對於膽怯、自我詆毀的人他們卻不肯給予信任，不承認他們的優點和能力。很多人的成功得益於別人對他的信任。有的人能力很強但是得不到別人的信任、鼓勵和欣賞，結果心灰意冷而以失敗告終。

老師、兄弟姐妹、父母和朋友的信任在小孩的一生中都將有著不可替代的作用。

有些年輕人雖然表面木訥但實際上是很有能力的，可是他總是受到周圍人的貶低，老師和父母也都不理解他，總是把他看成是一個失敗者，日久天長他就會偃旗息鼓、鬥志全無。

當這個男孩的生活中投射進了信任的陽光，當有人發

現了他的潛能時，男孩的心中就會重新產生希望，而這縷陽光將給男孩帶來無限的鼓勵和永恆的動力。

如果你信任一個小孩，如果你覺得他有能力，那就對他說出來，告訴他你相信他有成功的潛能。對於年輕人來說這種信任要比金錢還重要。

「他信任我。」這將是對人的莫大的鼓勵。

第四十一章　友誼與成功

第四十二章　自我的勝利

成功不僅僅是成就非凡業績或累積巨大的財富，自己認可的成功才是最大的成功。自我認可才會獲得財富、地位和名聲所不能帶來的內心平和與滿足，才會使人即便是忍飢挨餓、身處逆境仍然開朗樂觀。

若想得到全世界的掌聲並不容易，但是得到自己本人的贊同相對來說卻容易得多。人們只有自我認可、自尊自愛才有可能會成功。

人無法欺騙自己。整天自欺欺人，聽著偽善的表揚既不會令人開心又很容易讓人道德墮落。

自己認可的成功才是最大的成功。很多人在別人看來已經很成功，受人羨慕，被人追捧，但卻總是自認為很失敗而內心受到極大地煎熬。自我認可，獲得自己的承認才能算得上是真正的成功。自我認可才會獲得財富、地位和名聲所不能帶來的內心平和與滿足，才會使人即便是忍飢挨餓、身處逆境仍然開朗樂觀。

虛假的生活、雙重的人格雖然可能會得到別人的好感，但是遲早會令哪怕是最堅強的人都崩潰。虛偽的面紗一旦被撕掉，偽裝者就會像全身沾滿孔雀毛的八哥一樣受

人嘲笑，遭人唾棄。

　　無論所從事的是什麼職業，每個人全力想去爭取的應該是對自身毫無保留的認可。這會勝過任何的榮譽、財富和名聲，會使人們充滿了力量，得以從容應對生活中的任何挑戰。

　　成功不僅僅是成就非凡的業績或累積巨大的財富，成功也不是聲名鵲起，獲得大眾的暫時的掌聲。成功不同於聲名狼藉，成功是人的身心獲得了發展，道德得以提升。成功是將個人的能力最大化。成功就是努力去做得更好，讓世界因為我們的努力而發生變化。

　　男孩安心地照顧年老的家人，女孩認真地做聽話的女兒、體貼的姐姐、忠誠的妻子和明理的母親，他們的幸福感也許會勝過那些背井離鄉，讀書工作，甚至是稍有成就的人。

　　我們要牢記：金錢和名望都不能代表成功。

　　年輕人往往注重外表，想法比較淺薄。由於媒體經常報導這種成功人士，他們就覺得整個世界都靠政治家、銀行家、傑出的商人和生產商來維持。

　　事實並非如此。人們常會認為國家的繁榮要靠城市裡的商業，而事實卻是，城市裡的一切都要依靠農業。農作

物的風吹草動都在影響著市場、貿易甚至是全球的商業。

世界的運作絕不是僅僅依靠報紙上所報導的寥寥無幾的偉大功績。相反的，這一切都是靠著無數人在家裡面做出的微小的貢獻。父母們辛苦勞作、省吃儉用為了自己的孩子過上比自己好的生活；女兒們放棄自己的夢想安心地待在家裡陪伴自己年老的父母，讓他們可以安享晚年；吃苦耐勞的兒子們待在農場幫助家裡還清貸款以保住自己的家園。

報紙上根本沒有對這些事情的報導，這些事情過於卑微、過於無足輕重很難能吊起公眾的胃口。但人們正是因為這些事情才變得偉大，才獲得了最大的成功。

官網

國家圖書館出版品預行編目資料

奧里森·馬登談「老闆策略」：培養內涵 × 洞悉市場 × 擴展人脈 × 管理財務，創業者必懂的 42 件事，企業長久營運的關鍵要素！/ [美] 奧里森·馬登 (Orison Marden) 著；李皓明 譯 .-- 第一版 .-- 臺北市：財經錢線文化事業有限公司 , 2023.04
面；　公分
POD 版
譯自：The young man entering business
ISBN 978-957-680-621-6(平裝)
1.CST: 職場成功法 2.CST: 創業
494.35　112004078

奧里森·馬登談「老闆策略」：培養內涵 × 洞悉市場 × 擴展人脈 × 管理財務，創業者必懂的 42 件事，企業長久營運的關鍵要素！

臉書

作　　者：[美] 奧里森·馬登（Orison Marden）
翻　　譯：李皓明
發 行 人：黃振庭
出 版 者：財經錢線文化事業有限公司
發 行 者：財經錢線文化事業有限公司
E - m a i l：sonbookservice@gmail.com
粉 絲 頁：https://www.facebook.com/sonbookss/
網　　址：https://sonbook.net/
地　　址：台北市中正區重慶南路一段六十一號八樓 815 室
Rm. 815, 8F., No.61, Sec. 1, Chongqing S. Rd., Zhongzheng Dist., Taipei City 100, Taiwan
電　　話：(02)2370-3310　　傳　　真：(02) 2388-1990
印　　刷：京峯彩色印刷有限公司（京峰數位）
律師顧問：廣華律師事務所 張珮琦律師

-版權聲明

定　　價：350 元
發行日期：2023 年 04 月第一版
◎本書以 POD 印製